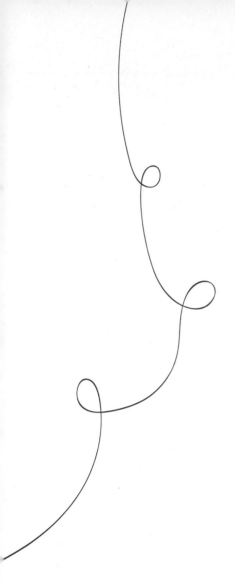

여기
어디예요?

—

나만 알고 싶은
산, 바다, 공원, 카페
문화재 여행지

이예찬(차니포토)

영진미디어

일러두기

··· 본 도서에 표기된 지명, 운영 시간, 입장료, 주차 정보 등은 도서 제작
시점을 기준으로 정리되었기에 도서 출간 이후 업체 및 지자체의 정책에
따라 변동될 수 있습니다.

··· 본 도서에 표기된 업체명은 업체에서 제시한 기준을 기본으로 하였으나,
가독성을 위해 띄어쓰기한 부분도 있습니다.

··· 드라마, 영화명은 〈 〉로 표기하였습니다.

여기
어디예요?

Prologue

저는 사진 찍는 일을 시작하고 나서부터 여행은 사진만을 위해 떠나고 있어요. 찍어 보고 싶은 사진이 있어서 그 여행지를 가기도 하고, 간 김에 짧은 시간 안에 근처의 여러 카페를 돌기도 합니다. 또는 같은 장소를 여러 번 방문해서 시간에 따른 색감을 사진 속에 짙게 담아 보기도 합니다.

누군가는 저에게 "그게 일이지 여행이야?"라고 합니다. 저는 좋아하는 일이 좋아하는 여행 속으로 스며들었기에, 그 과정이 즐거웠어요. 그래서 일이 아닌 여행이었습니다. 예쁜 장소에서 아름다운 사진이 나왔을 때, 그리고 그 사진을 많은 사람이 좋아해 줄 때 저는 보람을 느낍니다. 한 번은 이런 적이 있어요. 제가 어느 사찰 공간의 동굴을 발견하고 장소에 맞는 구도를 연출하여 SNS에 사진과 정보를 공유한 적이 있습니다. 제 콘텐츠로 인해 많은 사람이 해당 지역을 찾아가게 되었는데요. 제가 연출한 구도 역시 인기를 얻었습니다. 그 순간 제가 누군가의 현재를 기록하는 데 이바지할 수 있었다는 사실에 커다란 뿌듯함을 느꼈어요.

이 책을 통해서 제가 알아낸 장소, 혹은 이미 알려진 장소지만 저만의 시선이 담긴 곳, 색다른 사진을 위한 촬영 팁 등을 공유해 드리려고 합니다. 독자님의 즐거운 추억을 만드는 데 도움이 되었으면 합니다.

이예찬(차니포토)

안동

한절골

위치
경상북도 안동시 길안면 대사리
450-3

축제 개최 시기
한절골 얼음 축제
매년 1월 중

입장료
무료

주차
무료 주차 가능

추천 대상
가족 / 연인

여러분은 겨울이 되면 꿈꾸는 낭만이 있나요? 저는 이맘때가 되면, 빙박을 하는 상상을 해요. 강이 꽁꽁 얼어붙은 얼음 위에서 몸의 균형을 잡으며 텐트를 설치하고 하룻밤을 보내는 일을요. 단단한 땅 위에 텐트를 설치하고 불을 피워 요리해 먹는 거와는 또 다른 매력이 있습니다. 그런데 이건 강심장을 가진 사람만 할 수 있는 것 같아요. 얼음 위에 서 있기만 해도 손에서 땀이 나거든요. 얼음에 조금씩 균열이 생기면서 나는 중저음의 '꽝' 하는 소리가 주기적으로 들리는데, 저는 좀 무섭더라고요. 그런데 이렇게 긴장하는 게 매력이라고 하더라고요. 현장에서 빙박을 진행했던 분들께 물어본 바로는, 한겨울에 항상 강이 꽁꽁 어는 지역이라 기온이 -20℃ 정도 되면 빙박의 조건은 충족된다고 했습니다. 겨울에 한절골이 얼어붙으면 캠핑 장비를 챙겨서 가보는 건 어떨까요?

Tip **알고 가면 좋을 정보**

⋯ 한절골 마을은 2011년 환경부로부터 '자연생태 우수마을'이라는 타이틀

을 얻어 국내 최고의 청정 무공해 지역이라는 명예를 얻었습니다. 2012

년부터 천혜의 자연환경을 보여주기 위해 겨울 축제를 개최했습니다.

축제 기간에는 얼음 위에서 할 수 있는 여러 가지 체험과 먹거리 판매

등의 풍성한 행사를 진행합니다. 축제 기간에 방문하지 못했더라도, 빙

박과 빙벽 클라이밍을 즐길 수 있으니 한절골에서 재밌는 하루를 경험

해 보세요.

제주

광치기해변

위치
제주특별자치도 서귀포시 성산읍
고성리 224-33

가는 법
'유채꽃 재배단지' 검색 후 이동

주차
무료 주차 가능

추천 대상
연인 / 친구

1월이면 제주도는 눈과 꽃을 동시에 볼 수 있는 아주 신기한 섬이 됩니다. 한라산의 고지대는 눈이 와서 겨울왕국이 펼쳐져 있어요. 바다 근처 비교적 따뜻한 곳에는 유채꽃이 피기 시작해서 "벌써 유채꽃이 폈다고?"라는 반응을 만들어 내는 곳이에요. 저도 직접 보기 전까지 안 믿었어요. 그런데 정말 예쁘게 피어 있더라고요. 같은 섬인데 어디는 한겨울이고 어디는 초봄이라는 게, 정말 신기하지 않나요? 꼭, 드라마 〈도깨비〉의 한 장면 같았습니다. 지구의 반대편을 순식간에 오가는 기분이었어요. 한국의 봄은 이곳에서부터 시작되는 게 아닐까, 궁금했습니다. 조만간 곳곳에 만발할 꽃을 상상하며 한참을 걸었습니다. 그렇게 두 계절을 오가면서, 그날 가지고 있던 무거운 마음도 털어냈어요. 새해엔 고민이 많잖아요. 여러분도 지금 가진 고민을 예쁜 사진으로 바꿔 오길 바랍니다.

Tip **알고 가면 좋을 정보**

...
광치기해변은 밀물과 썰물로 인해 물이 차 있는 해변과 물이 빠진 해변의 모습이 매우 상반돼요. 물이 빠지면 갯벌이 아닌 울퉁불퉁한 용암 지질이 드러나게 됩니다. 그 사이사이 초록색 이끼가 드넓게 껴 있는데, 그게 은근히 아름다워 보이더라고요. 물이 완전히 빠지면 안쪽까지 걸어서 들어갈 수 있지만 이끼 때문에 미끄러우니, 정말 조심해야 해요.

제주

별방진

위치
제주특별자치도 제주시 구좌읍
하도리 3354

주차
무료 주차 가능

추천 대상
연인 / 친구

입장료
무료

광치기해변에서 조금만 북쪽으로 올라가면 위치한 곳입니다. 별방진은 조선시대 왜적의 침입을 대비하기 위해서 세운 돌로 쌓은 성곽으로, 제주도 기념물 제24호로 지정되기도 했습니다. 이곳도 유채꽃이 아름답게 피어요. 성곽과 유채꽃이 만나 색다른 느낌을 줍니다. 제주에는 돌로 쌓은 돌담이 정말 많은데, 그런 돌담의 대형 버전 같은 느낌이에요. 날씨가 좋으면 유채꽃의 노란색과 성곽의 진갈색이, 그리고 하늘의 파란색과 구름의 흰색이 만나 한 프레임 안에 들어오는데, 그렇게 예쁠 수가 없어요. 또한, 빽빽한 유채꽃 사이에 가장자리가 보랏빛인 무꽃이 섞여 있어서 더욱 풍성해 보입니다. 제가 느껴 본 제주 유채꽃 명소 중, 가장 제주답고 웅장한 곳이에요.

... 이곳은 밭을 중심으로 타원형 모양의 성곽이 둘러싸는 구조로 되어 있어

요. 이 웅장한 성곽과 아름다운 유채밭을 함께 담을 수 있는 구도로 찍어

보세요. 이렇게 찍으려면 모델과 촬영자의 거리가 최소 20m 이상은 돼

야 해요. 기본 카메라 화각으로 넓게 찍어서 드넓은 장소를 보여주는 사

진과 2배 혹은 3배 확대를 이용해서 인물에 시선이 가게 촬영하는 것도

좋습니다.

① 찍어 주는 사람이 성곽 위로 올라가고 모델은 밭 한가운데 있는 사진

② 찍어 주는 사람이 밭 안에 있고 모델은 성곽 위로 올라가서 하늘과 같

　 이 찍는 사진

(찍을 때 카메라 부분을 최대한 내려서 유채꽃과 같이 나오게 찍으면 더 베스트)

제주

코코몽 에코파크

위치
제주특별자치도 서귀포시 남원읍
태위로 536

입장료
아동(24개월~13세) 25,000원
청소년(중·고등학생) 15,000원
성인(20세 이상) 15,000원
영유아(24개월 미만) 무료
(유료 시설은 별도 요금 부과)

운영 시간
매주 화요일은 정기 휴무
10:00~18:00(3월~10월)
10:00~17:30(11월~2월)

주차
무료 주차 가능

추천 대상
가족

이곳은 아이가 있는 가족에게 유명한 곳이지만 동백꽃 명소로는 알려지지 않은 것 같더라고요. 저도 제주도에서 웨딩 촬영을 진행하는 지인에게 전해 들은 곳입니다. 아름다운 공간이지만, 촬영 장소로는 알려지지 않아서 아는 사람만 아는 곳이에요. 사진을 위해 파크로 입장해야 하는 건 아니고, 입구 바로 근처 도로 옆에 위치한 곳입니다. 아이가 있는 가족이 에코파크에서 즐긴 뒤, 해당 위치로 이동하여 사진을 남겨도 좋을 거 같아요. 아이들이 좋아하는 활동도 하고 지금을 추억할 사진도 남기는 거죠.

Tip 자랑하고 싶은 사진

... 도로 옆 도보에 한두 사람이 잠시 앉아서 사진을 찍을 수 있는 돌담이 있고 그 위로 동백나무가 있어서 새빨간 동백꽃이 눈길을 사로잡습니다. 동시에 뒤로는 키가 큰 야자수가 있어서 제주도의 다채로운 느낌을 한껏 올려주는 아주 멋진 장소예요. 유명해진다면 사진을 찍기 위해 줄을 서야 할 수도 있습니다. 그러니 지금 빠르게 다녀오길 바라요.

정선

만항재

위치
강원도 정선군 고한읍 함백산로 865

입장료
무료

주차
무료 주차 가능

추천 대상
친구 / 연인

매년 겨울, 사람들이 가장 기대하는 게 무엇일까요? 저는 겨울이 되면 '이번 겨울에는 눈이 얼마나 올까? 눈이 많이 왔으면 좋겠다.'라고 생각합니다. 아마 대부분 같은 생각을 하지 않을까요. 1년 중 딱 한 번의 계절, 그중 며칠, 그마저도 눈을 한 번도 못 보고 지나가는 해도 있잖아요. 덕분에 더 기다려지는 것 같아요. 그래서 저는 눈이 보고 싶고 눈밭에서 뒹굴고 싶을 때, 작정하고 눈을 찾아 나섭니다. 만항재는 그럴 때 딱 가기 좋은 곳입니다. 사계절 내내 푸르른 소나무 숲, 그 사이로 흰 눈이 소복하게 쌓이면 그렇게 예쁘고 아름다울 수가 없더라고요. 펑펑 내리는 눈 속에서 낭만을 즐기러 정선으로 가보는 건 어떨까요? 눈꽃을 감상하고 싶다면 눈이 온 다음 하늘이 맑은 날을 노려보세요. 눈꽃이 하얗기 때문에 파란 하늘과 같이 봤을 때 더욱 예쁘고 선명하게 잘 보입니다.

Tip **알고 가면 좋을 정보**

... 만항재는 국내 포장도로 중, 가장 높은 곳에 위치한 고개입니다. 그래서 아무리 추워도, 아무리 눈이 많이 와도 도로가 재설이 되어 있는 상태라고 한다면 땀 한 방울 흘리지 않고 따뜻하고 편하게 차를 타고 올라갈 수 있습니다. 그리고 그곳엔 겨울왕국이 펼쳐져 있어요. 만약 나무에 내려앉은 눈꽃을 감상하고 싶으면 해가 위로 올라오지 않는 오전 시간에 방문하는 것을 추천합니다. 엄청난 설경을 감상할 수 있을 거예요.

제주

속골유원지

위치
제주특별자치도 서귀포시 호근동
1645

입장료
무료

주차
무료 주차 가능

추천 대상
친구

국내 여행지 중에서 가장 인기가 많은 곳은 단연 제주도입니다. 이미 유명한 곳은 사람이 많아, 예쁜 사진을 남기기 위해서 줄을 서야 하는 경우가 다반사예요. 속골유원지는 아직 유명한 편이 아니어서 사진을 찍기에 좋은 장소라고 할 수 있습니다. 여기서 흐르는 작은 하천은 곧장 바다로 이어져요. 하천을 건널 수 있는 돌다리에 서면 눈앞에 바다가 펼쳐지는 아름다운 구도가 탄생하게 됩니다. 또 차로 10분 거리에 황우지해안이 있습니다. 이곳은 '선녀탕'이라는 애칭으로 불리는데요. 여름엔 휴가객으로 들끓어 '목욕탕'이 되어 버린다고 합니다. 한여름보다 2월에 간다면 비교적 한적하게 둘러볼 수 있을 거예요.

Tip **자랑하고 싶은 사진**

··· 이곳에서 인물사진을 찍을 때는 바다의 수평선 높이를 조절해 주면 예쁜 사진을 찍을 수 있습니다. 피사체와 동일선상의 높이에 서서 사진을 찍게 되면, 수평선이 인물을 지나가게 돼요. 수평선이나 지평선의 일직선이 인물을 지나가게 되면 그 선으로 인해 사람의 신체가 위아래로 나뉘어 구도적으로 불안정한 느낌을 줍니다. 특히나 목이나 머리를 지나게 되면 더욱더 보기 불편해지게 돼요. 수평선이 피사체의 머리에서 한참 위로 올라오게 되면 안정감 있는 사진이 나옵니다.

··· 공원 입구에서 가까운 다리 위, 또는 높은 돌 위에 올라가서 찍으면 좋습니다. 사진에서 '범섬'까지 잘 보이면 상대방으로부터 잘 찍었다는 칭찬을 받게 될 거예요.

제주

김녕바닷길

위치
제주특별자치도 제주시 구좌읍
김녕로1길 51-3

가는 법
'봉지동복지회관' 검색 후 이동

주차
무료 주차 가능(주차 공간 협소)

추천 대상
친구

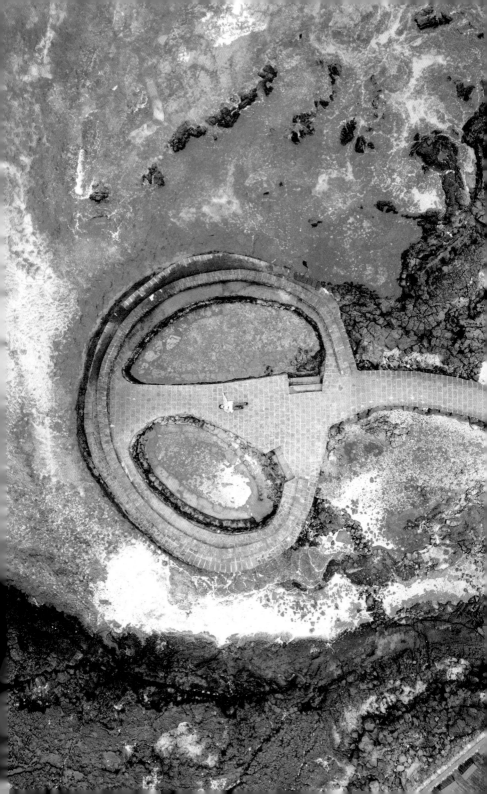

제주도는 밀물과 썰물에 따라 숨겨진 길이 드러나는 곳이에요. 이곳도 그중 한 곳인데, 하루에 두 번 있는 간조 때 물이 빠지면 걸어 들어갈 수 있는 길이 나타나게 됩니다. 저는 간조 이전에 가서 친구와 함께 길이 잘 보이는 곳에 앉아서 과자 하나를 먹으며 바닷물이 서서히 빠지는 경관을 봤습니다. 바닷물이 빠지는 걸 멍하니 보고 있으면 마음이 편해지더라고요. 하루에 두 번씩 매일매일 일어나는 일이지만 마음먹고 보러가야 볼 수 있는 장면이에요. 평소에는 보기 힘들지만, 조금의 수고를 들여 멋진 경관을 감상해 보세요.

Tip **간조 때 맞추는 방법**

…

① '바다타임' 사이트에 들어가서 '김녕항'을 검색하세요.

② 파란색 화살표와 숫자로 표시된 '간조 시간'을 확인하세요.

③ 간조는 하루 두 번이기 때문에 그중 원하는 시간에 방문하세요.

Tip **함께 가기 좋은 곳**

…

청굴물

위치: 제주특별자치도 제주시 구좌읍 김녕리 1296

김녕바닷길과 함께 가기 좋은 곳은 '청굴물'입니다. 이곳도 밀물과 썰물에 따라서 그 매력이 달라지는 곳이에요. 땅에서 사람의 시선으로 찍어도 예쁘지만, 만약 드론을 갖고 있다면 하늘 위에서 새의 시선으로 새롭고 예쁜 사진을 찍을 수 있을 거예요.

제주

김녕해수욕장

위치
제주특별자치도 제주시 구좌읍
김녕리 493-3

주차
무료 주차 가능

추천 대상
친구 / 가족

입장료
무료

바로 직전에 소개해 드렸던 김녕바닷길과 가장 가까운 해수욕장입니다. 이곳 김녕해수욕장은 에메랄드 물빛으로 이국적인 느낌이 나는 곳입니다. 제가 실제로 봤던 바다 중에서 가장 아름다운 바다를 꼽으라고 한다면, 세 손가락 안에 들어갈 정도로 예쁜 곳이었습니다. 저는 이곳의 아름다움을 좀 더 극적으로 보여 드리고 싶었어요. 일반적인 구도에서 볼 수 있는 시선이 아닌, 하늘 위에서 날고 있는 새의 시선으로 찍어 보았습니다. 이번 사진은 드론을 이용했어요. 똑같은 대상도 가까이 다가가서 보는 것과 높은 곳에서 내려다보는 시선의 느낌이 다르잖아요. 구도 선정은 사진을 찍는 데 매우 중요합니다. 순식간에 분위기를 바꾸거든요.

Tip　　**사용한 장비(드론)**

⋯　　드론에 관심이 있는 분들 혹은 이제 막 드론을 구매해서 사용해 보는 분들은 명심해야 할 것들이 있습니다.

①　반드시 비행과 촬영 허가를 받아야 합니다.

　　(사전에 비행 가능 구역인지 확인하세요.)

②　무리한 비행으로 사고가 발생하지 않도록 주의합니다.

　　(인구가 밀집된 곳에서는 비행을 피해 주세요.)

③　비행 전, 배터리 잔량을 확인해 주세요.

　　(비행 중 배터리 부족으로 추락하는 사고를 방지하기 위함입니다.)

④　뒤가 보이지 않는 후방 비행은 되도록 삼가세요.

⑤　강풍이 불 때는 비행하지 않도록 합니다.

포항

곤륜산

위치
경상북도 포항시 북구 흥해읍 칠포리
914-5

주차
무료 주차 가능

추천 대상
친구 / 연인

포항에서 경치 좋은 곳을 추천해 달라고 한다면, 저는 이 곳을 말할 것 같아요. 단, 아름다운 만큼 노력이 필요한 곳이라는 걸 알아주세요. 주차장에서 정상까지 올라가는데 소요 시간은 30분 내외지만 중간에 포기하고 싶을 만큼의 코스예요. 평소 등산을 좋아한다면 20분 만에 올라간다는 후기도 있지만, 생각보다 쉽지 않습니다. 이곳은 처음부터 끝까지 가파른 오르막이에요. 올라가는 내내 발목의 각도가 평소와는 달라서 종아리와 허벅지에 무리가 많이 옵니다. 입구는 쉽게 찾을 수 있을 거예요. 내비게이션 기준 '곤륜산'을 검색하면 나오는 입구가 주차장이고 이곳부터 30분의 등산이 시작됩니다. 그리고 곤륜산은 패러글라이딩 활공장으로도 유명합니다. 등산으로 더워진 몸을 식혀 줄 거예요. 비행시간은 5분 내외라고 하는데, 훌륭한 경치를 발아래로 두고 바람을 만끽하는 게 낭만적일 것 같습니다.

Tip 자랑하고 싶은 사진

... 이곳 곤륜산 정상에서는 조금 아래로 걸어 내려가서 높은 곳을 바라보면 활공장과 푸른 하늘만 보여요. 이때, 사진을 찍어 보세요. 그냥 서서 찍어도 예쁘지만, 점프 사진을 한번 찍어 보세요. 고지인 데다, 주변에 큰 건물이 없어서 이런 곳에서만 찍을 수 있는 이색적인 사진이 나옵니다. 점프할 때는 무릎을 굽혀서 발을 뒤로 젖히는 게 포인트예요. 훨씬 역동적인 사진이 찍힙니다.

서울

남산공원

위치
서울특별시 중구 삼일대로 231

내부 시설
남산서울타워전망대, 케이블카,
안중근의사기념관, 유아숲체험원 등

주차
유료 주차 가능
(남산도서관주차장)

추천 대상
혼자

서울에서 사계절 어느 때나 산책하기 좋은 공원
중 하나가 남산공원입니다. 계절마다 그 시기를 대표하는
꽃이 피어서 아름답고 서울 시내가 한눈에 내려다보이는
탁 트인 전망으로 인해 속이 뻥 뚫립니다. 여기에 아름다운
노을까지 보고 내려오면 그야말로 완벽한 산책이라고
할 수 있죠. 남산공원으로 시작해서 남산서울타워까지
가는 방법은 정말 여러 가지가 있어요. 저는 이 중에
서 시간적 여유가 된다고 하면 걸어가는 걸 추천해
드립니다. 직접 땀을 흘리며 올라가, 가슴속에 묵혀
있던 한숨도 털어내는 하루가 되길 바라요.

… 남산도서관주차장에 주차하고 남산서울타워가 보이는 방향의 산책로를
따라 올라가세요. 서울 시내를 조금 위에서 내려다보는 느낌이 들 때쯤
뒤를 돌게 되면 황홀한 경치를 볼 수 있습니다. 이 구도로 사진 찍는 분을
한 번도 보지 못했어요. 남산과 서울이 새롭게 보이는 구도로 사진을 찍
어 보세요. 남산서울타워가 있는 곳까지 올라가면서 서울의 아름다움을
구경해 보세요. 그리고 올라왔던 길 그대로 내려가며 올라올 때와는 다
른 서울의 야경을 보면 좋습니다. 그날의 산책은 완벽할 거예요.

광양

매화마을

위치
전라남도 광양시 다압면
섬진강매화로 1563-1

주차
무료 주차 가능

추천 대상
가족

    매화는 꽃잎이 작고 오밀조밀 모여 있는 게 매력적인 꽃이에요. 또한, 3월 초순에서 중순에 개화합니다. 이곳에서는 이 매력적인 꽃을 질리도록 볼 수 있습니다. 백설 같은 백매화가 마을을 뒤덮은 모습이 꼭 봄날의 눈 같습니다. 간간이 홍매화도 보이는데, 산딸기 같은 자태가 곱습니다. 꽃길을 따라 걸어 올라가다 보면 곳곳이 다 명소예요. 어디서 어떻게 찍어도 예쁜 곳이어서 최대한 많이 찍고 다양한 인생 사진을 남기기 좋습니다. 마을 안쪽 깊숙이 걸어 올라가면 아래로는 알록달록 매화꽃이 보이고 멀리는 섬진강이 보이는 환상적인 곳이에요. 꼭 안쪽 깊숙이 들어가서 꽃과 인물과 섬진강까지 담아보는 걸 추천합니다.

···   매화마을은 온화한 기온과 물안개로 인해 매실 농사를 짓기에 적합한 곳

이에요. 매실이 옹기 속에서 숙성되는 모습이 일렬로 정렬이 되어 있는데,

이것도 관광 포인트 중 하나입니다. 또, 곳곳에서 매실을 판매하는 상인의

모습도 볼 수 있어요. 가족 단위로 간다면 근처에 있는 '청매실농원'에 들

러서 매실 체험을 해보길 추천합니다. 갖가지 매실로 만든 제품도 구입할

수 있고 선물용으로도 인기가 많으니 고려해 보면 좋을 것 같아요.

구례

산수유마을

위치
전라남도 구례군 산동면 위안리 460

주차
무료 주차 가능

추천 대상
가족 / 연인

산수유, 많이 들어봤죠? 온 마을을 노랗게 물들이는 산수유 꽃을 보러 구례에 다녀왔습니다. 향기도 달콤하고 귀여운 생김새가 특징인 산수유 꽃은 영원불멸의 사랑이라는 꽃말도 가지고 있어요. 마을은 크게 하위마을, 상위마을, 반곡마을로 나뉘어요. 이 순서대로 둘러보면 좋습니다. 마을별로 산수유가 아름다운 포인트가 다르다는 것도 매력적입니다. 매년 3월이 되면 산수유마을에서는 산수유축제가 열리게 됩니다. 산수유나무가 이렇게 방대한 부지에 심겨 있는 건 쉽게 볼 수 있는 것이 아니니, 구례로 산수유 여행을 떠나 보세요.

Tip **알고 가면 좋을 정보**

… 산수유는 '봄을 알리는 꽃'으로 불립니다. 봄꽃 중 유독 빠르게 피어나서 붙은 애칭인데요. 이런 산수유가 전국에서 가장 많이 생산되는 곳이 구례예요. 산수유마을은 전국 산수유의 약 73%를 생산하는 곳입니다.

… 산수유나무는 8월~10월이 되면 붉은 열매를 맺습니다. 이 열매는 원기회복에 도움이 되며 간과 신장을 보호하는 효능이 있습니다. '구례 산수유마을' 홈페이지를 통해 재배되는 산수유로 만든 제품을 구입할 수 있어요.

구례

지리산치즈랜드

위치
전라남도 구례군 산동면 산업로
1590-62

운영 시간
09:00~18:00
(기상에 따른 변동 있으니, 홈페이지 참고)

입장료
성인(20세 이상) 3,000원
청소년(중·고등학생) 3,000원
유아(5세~13세) 2,000원

추천 대상
가족

지리산치즈랜드는 수선화 명소로 불립니다. 수선화의 아름다움을 생각보다 많은 분이 모르더라고요. 이참에 이 꽃이 얼마나 아름다운지 이야기하고 싶어요. 노란색 나팔처럼 생긴 수선화는 원래 상태도 예쁘지만, 빛을 받았을 때 특히 아름다워요. 수선화를 예쁘게 담는 방법은 앞서 보여 드린 사진처럼 손과 함께 찍으면 좋습니다. 이곳 넓은 부지에는 수선화밭만 있는 게 아니라 양목장과 각종 동물을 구경하고 여러 가지 체험도 할 수 있는 곳이에요. 가족 단위로 놀러 가기 아주 좋은 곳이죠. 단, 사정으로 인해 체험을 한시적으로 중단할 때도 있으니, 방문하기 전에 해당 건에 대해 문의해 보길 권합니다. 또한, 목장 내부에는 찻집이 마련되어 있어서 잠시 들러 쉬어도 좋습니다. 지리산치즈랜드에 나들이 겸 가족과 가서 좋은 시간을 보내고 오는 건 어떨까요?

제천

비봉 하늘 전망대

위치
충청북도 제천시 청풍면 문화재길 166

이용료
청풍호반 케이블카
일반 대인(14세~만 64세) 18,000원
일반 소인(36개월~13세) 14,000원
크리스털 대인(14세~만 64세) 23,000원
크리스털 소인(36개월~13세) 18,000원

운영 시간
10:00~18:00
(날씨 악화로 인한 변동이 자주 있으므로
홈페이지 참고)

주차
무료 주차 가능

추천 대상
친구 / 연인

국내도 해외 못지않게 멋진 경치를 가진 전망대가 많아요. 그중, 비봉 하늘 전망대가 있는데요. 케이블카를 타고 올라가길 추천합니다. 물론 케이블카 이용 금액이 싼 편은 아니에요. 그래도 체력 소모 없이 올라가서 멋진 광경을 볼 수 있다는 건 나름 합리적입니다. 청풍호반 케이블카는 한국관광공사에서 안심관광지로 선정되어, 공식적으로 인증된 여행지입니다. 케이블카는 일반과 크리스털 두 개로 나누어지는데 크리스털은 바닥이 통유리로 되어 있어서 올라가는 내내 밑이 그대로 보여서 스릴 있는 게 재밌습니다. 정상에 도착하게 되면 360°가 다 충주호라서, 강과 만나는 땅의 모양이 신기한데요. 멋진 절경을 보는 순간 입이 떡 벌어지게 될 거예요.

Tip **자랑하고 싶은 사진**

... 이곳은 전망대의 층수가 나누어져 있습니다. 보통, 전망대에서 사진을 찍으려면 피사체와 얼마 떨어지지 않은 거리에서 찍는데요. 높은 곳에서 사진을 찍어야 하는 전망대의 특성상 그렇게 찍게 되면 전망대의 느낌도 안 나고 밑에 보이는 멋진 경관을 함께 담을 수 없어요. 그래서 추천해 드리는 구도가 있습니다. 앞의 사진처럼 모델은 한 층 아래 멋진 경치가 보이는 곳에 서 있고 찍어 주는 사람이 한 층 위로 올라가서 내려다보는 시선으로 촬영해 보세요. 모델과 함께 훌륭한 경치를 담을 수 있어요.

속초

권금성

위치
강원도 속초시 설악산로 1085

운영 시간
1일 전 공지
(날씨 악화로 인한 변동이 잦음)

문화재구역 입장료
설악산 소공원
어른(20세~62세) 4,500원
중·고등학생(14세~19세) 2,000원
초등학생(8세~13세) 1,000원

이용료
설악 케이블카(당일 현장 구매만 가능)
대인(중학생 이상) 13,000원
소인(37개월~초등학생) 9,000원
유아(36개월 이하) 무료

주차
유료 주차 가능

추천 대상
가족 / 연인

권금성은 장엄한 경관을 선사하는 곳입니다. 이곳의 장점은 산 정상까지 케이블카를 타고 올라갈 수 있다는 점입니다. 단, 케이블카를 타고 내렸을 때 곧바로 정상은 아니에요. 하차 후 10분 정도 등산하면 권금성에 다다르게 됩니다. 등산을 안 좋아하는 분들도 땀 한 방울 흘리지 않고 산 정상에 올라갈 수 있답니다. 게다가 그 경치가 근사하다면? 누가 이곳을 마다하겠어요. 정상에서 보는 경치는 미국 요세미티 국립공원의 능선 같아요. 어쩌면 그곳보다 더 멋있다는 생각이 들 정도예요. 많은 사람이 찾는 곳인 만큼 가는 길은 고되지만, 이곳까지 오길 잘했다는 생각이 드는 곳이에요. 제가 국내 여행지 중 Top 5를 꼽는다면 반드시 뽑는 곳입니다.

Tip **자랑하고 싶은 사진**

···   이곳에서도 비봉 하늘 전망대에서 알려드렸던 자랑하고 싶은 사진(P.66
참고)과 동일합니다. 사진을 찍어 주는 사람이 모델보다 고도가 높으면 모
델과 함께 멋진 풍경을 함께 담을 수 있는 곳입니다. 하지만 경사가 가파
르고 바람이 많이 불면 위험할 수 있으니 조심해야 해요. 여행을 가면 인
생 사진을 남겨 오는 것도 중요하지만 가장 중요한 건 안전이랍니다.

강진

남미륵사

위치
전라남도 강진군 군동면 풍동1길
24-13

입장료
무료

주차
무료 주차 가능

추천 대상
가족

남미륵사는 동양 최대 규모의 황동 아미타불 불상을 가진 사찰입니다. 아시아권에서 불교를 섬기는 인구가 꽤 있고 나라별로 사찰도 많은데, 그중 최대 규모의 불상이 우리나라에 있다는 게 괜히 자랑스럽게 여겨지는 곳이에요. 매년 4월이 되면 입구부터 사찰로 들어가는 길 양옆으로 철쭉이 피고, 머리 위로는 서부해당화가 피는데요. 사방이 꽃으로 둘러싸인, '꽃 터널'이 완성됩니다. 그런데 철쭉과 서부해당화는 젊은 층이 선호하는 꽃이 아닌 것 같아요. 제가 다녀왔을 때도 젊은 사람보다는 나이가 조금 있는 분들이 사진을 많이 찍으러 왔습니다. 이곳은 부모님과 함께 가길 권해 드려요. 봄은 산책하기 좋은 계절이니까요. 마침 사찰도 함께인 곳이니, 부모님과 거닐고 염원도 빌다 내려와서 맛있는 한 끼를 하면 좋겠습니다. 가족의 염원을 웃는 사진으로 담아 오길 바라요.

Tip   **알고 가면 좋을 정보**

...   봄이 되면 꽃이 많은 곳엔 사람이 몰릴 수밖에 없어요. 덕분에 오랜 시간 줄을 서서 찍은 사진에 나 말고 다른 사람이 나오기도 하는데요. 꽃과 함께 사진을 찍고 싶지만, 사람이 많이 안 나왔으면 좋겠다고 하는 분들은 노릴 수 있는 시간대가 하루에 딱 두 타임입니다. 아침 일찍 오픈 시간대에 가는 것과 해가 지기 전 은은한 빛이 들어오는 때를 노려보세요..

경주

황룡원

위치
경상북도 경주시 엑스포로 40

추천 대상
혼자

이맘때면 팝콘 같은 벚꽃 잎이 거리를 뒤덮어요. 저는 흩날리는 벚꽃을 보면 기다리던 영화가 곧 상영할 것처럼 설렙니다. 황룡원은 정신문화와 의식교육 공간으로 사용하는 연수원인데, 제가 생각하기에 국내 벚꽃 명소 중 가장 한국적입니다. 황룡사지 9층 목탑을 재현한 중도타워의 고고한 모습은 벚꽃의 아름다움을 강조해 줍니다. 주변에서 사진을 찍거나 구경을 하는 시간은 따로 입장료를 내지 않아도 돼요. 단, 황룡원은 사유지이기 때문에 피해를 주지 않는 선에서 머물러야 한다는 점을 참고하세요. 저는 아름다운 벚꽃 장소의 모든 시간대를 사진으로 담아 보고 싶은 욕심이 있습니다. 그래서 매년 봄, 황룡원을 방문할 것 같아요. 봄이 와서 벚꽃이 피게 되면 황룡원에 가서 인생 사진을 찍어 보는 건 어떨까요?

Tip 함께 가기 좋은 곳

···   **더케이호텔 경주**: 황룡원 벚꽃길로 유명한 곳은 '더케이호텔 경주' 앞에 있는 도롯가입니다. 단, 벚꽃이 만개했을 때 사람으로 북적북적해 사진을 찍기 힘들 수 있어요.

···   **신평교**: 황룡원 근처 신평교라는 다리와 그 다리 밑으로 흐르는 하천 중간의 돌다리예요. 벚꽃 시즌이 아니더라도 황룡원과 사진을 찍기에 좋은 장소예요.

···   **야드**: '경주스마트미디어센터' 근처, 카페 야드도 추천하는 곳입니다. 카페의 통창 너머로 만발한 경주의 벚꽃을 즐길 수 있어요.

부산
삼익비치타운

위치
부산광역시 수영구 광안해변로 100

추천 대상
연인

부산은 매년 봄, 벚꽃이 피기 시작하면 들를 곳이 많은 도시입니다. 그중 이미 유명한 사진 명소이지만 저의 시선이 들어간 곳, 그리고 유명하지 않은 사진 명소를 소개해 드리도록 할게요. 부산 벚꽃 명소 중 가장 유명한 '삼익비치타운'입니다. 이 아파트 단지는 도로 위에 양옆으로 벚꽃 나무가 뒤덮고 있어서 마치 벚꽃으로 만들어진 터널을 연상시키는 곳이에요. 유명한 만큼 사람도 많고 아파트 측에서 따로 외부 차량 출입을 금지하지는 않다 보니, 벚꽃이 만개하면 사진 찍는 사람 반, 천천히 지나가며 벚꽃을 구경하는 자동차 반으로 도로가 꽉 차게 됩니다. 사진 찍기 힘든 곳이니, 아침 일찍 가는 걸 추천해 드려요. 단, 실제로 주민이 거주 중인 아파트니, 에티켓을 지켜주고 발생한 쓰레기는 꼭 수거하여 버려 주세요.

Tip **함께 가기 좋은 곳**

… **뉴비치아파트:** 근처에 있는 삼익비치타운과는 다른 매력의 벚나무가 심겨 있으니 사람이 비교적 적은 이곳에서도 예쁜 사진을 찍어 보세요.

… **개금벚꽃문화길:** 이곳은 몇 년 전부터 유명해져서 사람들이 많이 오는 곳이에요. 아래 골목길과 위에 나무 데크 길 두 곳이 사진 명소입니다.

… **반도아파트:** 개금벚꽃문화길 옆에 위치해 있어요. 단지 내부 곳곳에 크고 작은 벚꽃 나무가 심겨 있어요.

… **민주공원:** 이곳은 겹벚꽃이 아름답기로 유명해요. 일정 부분에 겹벚나무가 모여 있고 그 뒤로 부산 시내의 모습이 보여요. 오른쪽의 사진이 그 모습입니다.

순천

선암사

위치
전라남도 순천시 승주읍 선암사길 450

입장료
성인 3,000원
청소년 1,500원
어린이 1,000원
경로(만 70세 이상) 무료

주차
유료 주차 가능

추천 대상
가족 / 연인

국내에는 아름다운 사찰이 많아요. 이런 아름다운 사찰은, 사진 찍기를 좋아하는 사람이라면 종교에 상관없이 찾아가게 만드는 매력이 있습니다. 선암사는 사찰 특유의 고즈넉한 분위기로 세계문화유산으로 등재되기도 했습니다. 이 시기 선암사에 발을 딛으면 금방 볼 수 있는 겹벚꽃은, 벚꽃과는 다르게 꽃잎이 크고 여러 겹으로 되어 있어요. 꽃이 가진 겹 덕분에 흩날릴 때 유독 아름답습니다. 선암사는 매년 4월 중순쯤 겹벚꽃이 만개하는데요. 겹벚꽃은 벚꽃보다 늦게 피어요. 남쪽이다 보니 중부지방에 비해 빠르게 개화가 진행되어서 전국의 벚꽃이 다 떨어질 때쯤 가면 좋습니다. 그리고 선암사의 승선교에 대해서도 이야기하고 싶어요. 승선교는 맑은 계곡물을 중앙으로 포물선을 품은 다리예요. 또한, 승선교 가까이에 선녀들이 내려와서 쉬었다는 강선루도 있답니다. 구도를 잘 잡으면 이 두 가지를 함께 찍을 수 있어요.

Tip **알고 가면 좋을 정보**

···   제가 전국을 돌아다니며 알아낸, 최적의 꽃 구경 날짜를 말씀드릴게요.

· 3월 말: 제주

· 3월 말~4월 초: 부산, 경주 등 남부지방

· 4월 초~중순: 수도권

· 4월 중순~말: 제주 혹은 남부지방(겹벚꽃 개화)

제주

녹산로

위치
제주특별자치도 서귀포시 표선면
가시리

가는 법
'녹산로 유채꽃도로' 검색 후 이동

추천 대상
연인 / 친구

봄이 되면 쉽게 볼 수 있는 벚꽃을 제주도까지 가서 봐야 할까 생각했는데요. 직접 보니 확실히 다르더라고요. 특히나 여기 녹산로는 벚꽃의 연분홍과 유채꽃의 노란색 조합을 사진에 담을 수 있어서 더 인기가 많은 곳입니다. 거기에 푸른 하늘까지 한 프레임 안에 들어오면 말을 다 한 거나 다름없죠. 제가 찍었던 벚꽃 장소 중 가장 만족스러운 결과물이 나왔던 곳이, 여기 녹산로였습니다. 녹산로 길이 생각보다 되게 길어서 사람들이 많이 몰려도 그렇게 북적이지 않고 한산하게 찍을 수 있습니다. 일부 장소의 경우 풍력발전기가 보이는데, 천천히 걸으면서 한번 둘러보고 촬영해 보세요.

자랑하고 싶은 사진

...

① 차가 안 오는 타이밍을 이용해서 도로 중앙선을 따라 걷거나 뛰어가
는 뒷모습을 찍어 보세요.

② 유채꽃밭 중간중간 들어갈 수 있는 틈에서 멋진 사진을 찍어 보세요.

③ 카메라 바로 앞에 유채꽃이 나오게 촬영해 보세요.

④ 많은 차가 오가는 복잡한 녹산로도 촬영해 보세요. 색다른 느낌을 담
을 수 있습니다.

⑤ 드론을 갖고 있는 분은 장비를 이용하여 새로운 구도로 찍어 보세요.
(녹산로는 정석비행장의 관제권이므로 원스톱 허가 외에 정석비행장의 허가도 반드
시 받아야 한다는 점을 참고하세요.)

경주

분황사

위치
경상북도 경주시 분황로 94-11

이용료
성인(만 19세~만 69세) 2,000원
청소년(중·고등학생) 1,500원
군인(직업군인 제외) 1,500원
어린이(만 8세~만 12세) 1,000원

운영 시간
09:00~18:00(4월~10월)
09:00~17:00(11월~3월)

주차
무료 주차 가능

추천 대상
가족 / 연인

저는 전국에 있는 청보리밭 중 이곳이 가장 예쁘다고 생각합니다. 푸른 하늘에 드넓은 초록색의 청보리와 천 년 역사 경주의 분위기가 만나면 너무 아름답거든요. 청보리밭 뒤로 보이는 황룡사 역사문화관이 그 분위기를 더해 주는데, 이곳의 매력 포인트입니다. 시즌만 잘 맞춰 간다면 벚꽃이 보이는 길과 함께 사진을 찍을 수 있는 장소예요. 푸른 색감 가득한 곳에 따뜻한 분홍색이 어우러지면 그 모습도 정말 아름답더라고요. 저는 아쉽게도 그 장면은 못 담아서 다음 청보리 시즌 때는 꼭 가서 벚꽃과 함께 담아 볼 예정입니다.

자랑하고 싶은 사진

... 청보리는 초록색이 강한 식물이어서 초점을 흐리게 맞춰 촬영하면 정말

예쁘게 나와요. 인물사진을 찍을 때 카메라 가까이 청보리를 두고 인물

에 초점을 잡아 보세요. 카메라 바로 앞에 있는 청보리는 초점이 나가서

흐릿하게 표현되면서 몽환적인 분위기가 연출됩니다.

Tip **알고 가면 좋을 정보**

... 분황사 곳곳에는 땅이 좀 더 낮은 지대가 있어요. 땅의 높낮이를 활용해

조금 더 높은 고도에서 피사체를 광각으로 찍으면(아이폰 기준 1배 기본 화

각) 드넓은 배경으로 인물을 찍을 수 있어서 시원한 느낌의 사진을 남길

수 있습니다.

경주

오릉

위치
경상북도 경주시 탑동 67-1

이용료
성인(19세~64세) 2,000원
청소년(13세~18세) 1,000원
군인(단기복무 부사관 이하) 1,000원
어린이(7세~12세) 500원

운영 시간
09:00~18:00(3월~10월)
09:00~17:00(11월~2월)

주차
무료 주차 가능(터미널 옆 공영주차장)

추천 대상
친구 / 연인

제가 본격적으로 여행 사진을 찍기 시작하면서 느낀 것 중 하나가 많은 사람이 이팝나무에 대해서 잘 모른다는 거였어요. 저도 그랬거든요. 하지만 그 매력에 한번 빠지게 되면 매년 찾게 돼요. 이곳 오릉은 신라시대 초기 왕릉으로, 박혁거세와 알영부인, 2대 남해왕, 3대 유리왕, 5대 파사왕의 분묘로 현재까지도 보존이 잘 되어 있는 곳이기도 합니다. 예로부터 이팝나무는 멀리서 보면 꽃송이가 소복이 쌓인 흰 쌀밥 같다고 해서 '이밥나무'라고 불렸는데 시간이 지나면서 이팝으로 바뀌었다고 해요. 외국에서는 '하얀 눈꽃'이라는 뜻을 가진 꽃입니다. 오릉에 가면 신라의 건국에 대해 배우며, 송골송골 아름답게 맺힌 눈꽃도 구경해 보세요.

Tip **자랑하고 싶은 사진**

... 이팝나무와 사진을 찍게 된다면 어두운 계열의 옷 혹은 흰색 옷을 추천합니다. 어두운색의 옷은 초록색과 흰색이 가득한 이팝나무와 대비되지만, 자연스럽게 어울릴 수 있는 색감이에요. 흰색 옷은 이팝나무에 묻힐 거 같지만 은근히 조화롭습니다. 반면 피하면 좋을 것 같은 색감은 초록색의 보색인 붉은색, 주황색 계열의 옷입니다. 이런 색깔은 눈에 너무 띄기 때문에 이팝나무의 아름다움이 묻힐 수 있어서 추천하지는 않아요. 이팝나무와 함께 인생 사진을 한번 남겨 보세요. 어느새 이팝나무의 매력에 빠져 있을 거예요.

부안

변산마실길2코스

위치
전라북도 부안군 변산면
노루목길 8-8

가는 법
'송포항' 도착 후 이동

추천 대상
연인 / 친구

드넓은 공간에 예쁜 꽃이 가득 피어 있는 꽃밭은 사람이 몰리기 마련이에요. 심지어 이곳은 바다까지 보여서 인기가 있는데요. 제가 실제로 봤던 꽃밭 중 Top 3 안에 들어갑니다. '송포항'을 검색하고 주차장에 주차 후 바로 앞 산길을 따라 10분 정도 걸어가다 보면 만날 수 있는 곳이에요. 시간이 된다면 낮에 한 번, 노을 질 때 한 번, 총 두 번 가는 걸 추천하고 싶어요. 낮에는 계란프라이 같은 샤스타데이지와 푸른 바다를 담을 수 있어서 좋아요. 노을이 질 때는 말해 뭐해요. 예쁜 곳에 노을이 더해지면 환상적인 장면이 펼쳐지게 됩니다. 이곳도 물때에 따라서 아래 내려갈 수 있는 공간이 생겼다 사라지는 곳이니, 물때를 잘 맞춰서 가보세요.

역광 촬영 방법(아이폰 기준)

...   이곳은 서해라서 노을이 질 때 사진을 찍으면 역광일 거예요. 역광은 사진이 안 이쁘게 나온다며 피하는 경향이 있습니다. 역광 사진을 찍는 방법만 안다면 역광을 피하기보다 역광을 이용해서 더 예쁜 사진을 찍을 수 있습니다. 노을 사진은 보정하면 훨씬 예쁘게 나오기 때문에 아래 보정법을 적절한 수치로 해보면서 정도를 조절하면 좋습니다.

① 빛의 방향을 봐가며 원하는 구도를 잡아 주세요.
② 하늘 부분을 터치해서 노출을 잡아 주세요.

    (사람 부분을 터치해서 노출을 잡게 되면 하늘 부분이 하얗게 날아가게 됩니다.)

③ 사진 앱에서 기본적인 색 보정을 통해서 풍부한 색감을 만들어요.

    (이때, 모든 수치는 30 내외로 움직여 주세요.)

- 하이라이트를 낮춰 주세요.
- 그림자를 올려 주세요.
- 대비를 낮춰 주세요.
- 채도를 올려 주세요.
- 색 선명도를 올려 주세요.
- 따뜻함을 올려 주세요.
- 색조를 올려 주세요.

서울

서래섬

위치
서울특별시 서초구 신반포로11길 40

입장료
무료

내부 시설
화훼단지, 수상스키장 등

주차
유료 주차 가능(반포2주차장)

추천 대상
친구 / 연인

매년 5월이 되면 서래섬에는 유채꽃이 드넓게 핍니다. 이맘때 유채꽃을 구경하기 위해 많은 사람이 모여요. 또한, 이곳 서래섬 근처에 반포한강공원이 있어서 더욱 사람이 몰립니다. 주말에는 중간중간 나 있는 길에 사람들이 정신없이 사진을 찍는 곳이어서, 되도록 평일에 가는 걸 추천해 드립니다. 그렇지만 직장인은 그게 마음처럼 쉽지 않죠. 이곳은 조금 늦은 시간에 가도 좋습니다. 노을도 예쁜 곳이고 가로등도 있어서 너무 어두운 시간에만 가지 않으면 충분히 예쁜 사진을 찍을 수 있으니 시간 내서 꼭 한번 가보길 추천합니다. 사진을 찍고 나서는 바로 옆 반포한강공원에서 배달 음식을 먹거나 피크닉을 즐기는 것도 좋습니다.

Tip   **자랑하고 싶은 사진**

···   서래섬에서 사진이 가장 잘 나오는 방향은 두 가지입니다.

① 한강 건너편을 바라보는 방향

서래섬에서는 한강 건너편을 바로 바라보게 되면 남산타워가 보이게 됩니다. 유채꽃밭을 걸어가다 보면 남산서울타워가 건너편 아파트 단지에 가려지지 않고 보이는 구간이 있습니다. 그곳을 배경으로 두고 사진을 찍으면 깔끔하고 멋진 사진을 찍을 수 있을 거예요.

② 일몰 때에 해가 내려가는 쪽을 바라보는 역광 방향

역광 방향은 인물이 보통 어둡게 나오는 경향이 있는데, 이는 보정 단계에서 어두운 부분을 올려서 밝게 만들어 주기만 해도 예쁜 사진으로 탄생하게 돼요.

함안

악양둑방

위치
경상남도 함안군 법수면 악양길
49-10

주차
무료 주차 가능
(악양둑방 제1주차장)

추천 대상
가족 / 연인

양귀비꽃은 벚꽃, 유채꽃 등 유명한 꽃들과 비교하면 구경할 수 있는 장소가 적은 게 사실이에요. 국내에도 유명한 곳이 몇 군데 없는데 그중 한 곳이 바로 이곳 악양둑방입니다. 매년 이맘때가 되면 드넓은 꽃밭에 여러 가지 색상의 꽃이 자리하는데요. 그럼에도 불구하고, 양귀비가 이 무대의 주인공인 것처럼 빼곡하고 아름답게 피어나는 곳이에요. 이곳은 둑방 언덕에서 아래를 내려다보고 찍으면 사진이 예쁘게 나와요. 반대로 꽃밭에 서서 위를 올려다보며 찍어도 예쁜 곳입니다. 가장 특별한 포인트는 주변에 경비행기 체험장이 있어서 수시로 하늘에 경비행기가 날아다닌다는 점입니다. 시간만 잘 맞으면 프레임 안에 경비행기까지 들어갈 수 있다는 게 매력적이에요.

Tip **알고 가면 좋을 정보**

...   사진은 빛으로 그리는 그림이라는 말이 있듯이, 빛은 사진에 큰 영향을 줍니다. 이곳은 오전에서 점심 또는 늦은 오후쯤 방문하는 걸 추천합니다. 오전에는 해가 머리 위로 올라오기 전이라 은은하지만 쨍한 색감의 사진을 얻을 수 있어요. 늦은 오후는 해가 넘어갈 때쯤 시간이 지나면서 햇빛이 약해지고 따뜻해지는 느낌이 있어요. 각기 다른 두 개의 시간대를 추천해 드려요. 이 시간에 맞춰서 방문하면 예쁜 사진은 자동으로 남길 수 있을 겁니다.

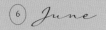
보성

대한다원

위치
전라남도 보성군 보성읍 녹차로
763-67

입장료
성인 4,000원
청소년(7세~18세) 3,000원
경로(65세 이상), 군인 3,000원
지역주민 2,000원
장애인 2,000원

운영 시간
09:00~18:00(3월~10월)
09:00~17:00(11월~2월)

주차
무료 주차 가능

추천 대상
연인 / 가족

대한다원은 국내 최대 규모 녹차밭입니다. 경사진 언덕이 계단식으로 형성된 덕분에 밭이 한눈에 보여서 아름다운 절경이 연출되는 곳이에요. 녹차밭의 한가운데는 목련나무 한 그루가 있습니다. 목련꽃이 피는 시기인 3월에서 4월 사이에 가면 온통 초록색인 녹차밭 중앙에 개화한 목련나무를 볼 수 있어요. 저도 목련 개화 시기에 맞춰서 가보지는 못했지만 직접 가서 그 아름다운 모습을 담아 보고 싶어요. 입구부터 웅장한 숲길이 시작되고 깊숙이 들어가도 사진 명소가 끝없이 이어져요.

Tip 자랑하고 싶은 사진

… 녹차밭 가장 안쪽에 위치한 '바다 전망대'로 가는 길에서 사진을 찍어 보세요. 대한다원의 입구부터 바다 전망대 표지판이 있어서, 가는 길은 어렵지 않아요. 표지판을 따라가다 보면 많은 양의 계단을 올라서 언덕을 향합니다. 그러나 어느 순간 녹차밭을 한눈에 내려다보는 순간이 있어요. 이 경치가 정말 멋집니다. 이 위치를 지나 바다 전망대를 가면 산으로 둘러싸인 바다를 볼 수 있습니다. 이 모습 역시 장관이에요.

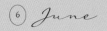
제주

답다니수국밭

위치
제주특별자치도 서귀포시
월평로50번길 17-30

입장료
수국 한 송이 포함
성인 5,000원
초등학생, 제주도민 4,000원

운영 시간
수국 시즌(6월)
08:00~20:00

주차
무료 주차 가능

추천 대상
친구 / 연인

답다니수국밭은 매년 6월이 되면 한 달만 운영하는 수국 관광지입니다. 이곳은 평소 다른 꽃을 키워 유통하는데, 수국 시즌에만 관광객들에게 입장료를 받고 한시적으로 운영합니다. 수국밭에는 수국이 정말 빼곡하게 심겨 있어요. 수국에 파묻혀 있다고 해도 과언이 아닐 정도입니다. 길 양옆으로 수국이 잔뜩 피어 있어서 어디에서 어떤 구도로 찍어도 예쁘게 담기는 곳입니다. 입장료를 결제하고 들어가면 사장님이 밭에서 직접 원하는 수국 하나를 따서 꽃다발을 만들어 줍니다. 이 꽃다발 금액이 입장료에 포함되어 있어요. 덕분에 입장료가 전혀 아깝지 않다는 생각이 들었습니다. 오른쪽 사진에서 하늘로 던지고 있는 수국이 바로 그 꽃다발입니다. 꽃다발을 하늘로 던지는 사진도 한번 찍어 보세요. 너무 예쁘지 않나요?

자랑하고 싶은 사진

… 답다니수국밭은 수국이 빼곡해서 사진을 찍을 때 그냥 찍어도 예쁘지만,
카메라와 모델 사이에 수국을 배치하여 찍으면 더 예쁘게 나오더라고요.
만약 연인과 함께 방문했을 때 사진을 이렇게 예쁘게 찍어 준다면, 온종
일 "사진 잘 찍는다."라며 칭찬받게 될 거예요.

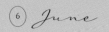

남양주

물의 정원

위치
경기도 남양주시 조안면 북한강로
398

주차
유료 주차 가능
(물의 정원 제1공영)

입장료
무료

추천 대상
가족 / 연인

물의 정원은 2012년 한강을 살리기 위해 조성된 수변생태 공원입니다. 산책로와 자전거도로를 따라서 조깅이나 라이딩을 즐길 수 있는 공원인 동시에, 아름다운 꽃을 심어서 관광지로도 인기가 있습니다. 또한, 바로 앞에 흐르는 북한강의 모습을 보고 있으면 물의 정원을 소개하는 문구인 '자연과 소통하여 몸과 마음을 정화하고 치유하는 자연 친화적인 휴식공간'이라는 말이 딱 맞아떨어지는 곳입니다. 공원의 구석구석이 모두 생동감 넘치는 기운으로 조성돼 있어요. 물의 정원에 가서 활기찬 사진을 남겨 보세요.

알고 가면 좋을 정보

···   이곳에 들르기 좋은 시기는 공원에 심겨 있는 꽃이 피는 5월부터 11월

입니다. 주차장에서 산책로를 따라 걸어가다 보면 만나는 '뱃나들이교'를

건너면 거대한 초화 단지가 보여요. 5월에는 양귀비꽃을, 9월에는 코스

모스와 단풍을 구경하며 즐거운 나들이를 할 수 있습니다.

제주

이스틀리카페&현애원

위치

제주특별자치도 서귀포시 성산읍
산성효자로114번길 131-1

(내비게이션이 아닌, 네이버 지도를 이용하여
이동하는 게 정확합니다.)

운영 시간

10:00~18:00

인스타그램

@cafe_easterly

입장료

수국 시즌

성인 5,000원

청소년, 어린이 3,000원

주차

무료 주차 가능

추천 대상

연인

제가 제주 수국 명소 중 가장 가보고 싶었고, 또 마음에 드는 사진을 남긴 곳이에요. 이스틀리는 정원이 아름다운 제주도의 한 카페입니다. 2만 평 규모의 드넓은 정원을 보유하고 있어요. 메인 장소는 앞 장에서 사진을 찍은 위치예요. 특이하게 뻗어 있는 큰 나무 한 그루와 찍는 겁니다. 나무는 마치 수국으로 된 웨딩드레스를 입고 있는 것 같은 느낌을 주는데요. 동화 속에 들어온 것 같은 착각을 불러일으키는 장소입니다. 현애원은 아름답고 또 아름답고 아무리 생각해도 아름답다는 수식어밖에 떠오르지 않는 곳이에요. 제가 소개해 드리는 '제주 수국 명소'를 다 가볼 수 없다면 이곳만은 꼭 가보길 추천해 드려요. 현애원에 가면 인생 사진은 보장된다고 봐야 합니다.

... 제가 추천하는 방문 시간대는 오전 10시에서 오후 2시 사이예요. 앞 장의 사진도 이 시간대에 찍었습니다. 그때쯤 모델이 서 있는 위치에 빛이 들어와서 예쁜 사진이 나옵니다. 인기가 많은 곳인 만큼, 특별히 당부드리고 싶은 말이 있습니다. 다른 사람에게 피해를 주지 않게끔 매너를 지켜 주었으면 하는 바람입니다. 많은 사람이 이용하는 장소이니 예쁜 사진을 얻기 위해 혼자 한 장소에서 너무 머무르지 않기를 바랍니다. 모두가 에티켓을 지키면 아름다운 사진만큼 아름다운 추억이 생깁니다.

제주

혼인지

위치
제주특별자치도 서귀포시 성산읍
혼인지로 39-22

운영 시간
08:00~17:00

입장료
무료

주차
무료 주차 가능

추천 대상
연인 / 친구

혼인지는 수국 시즌이 되면 특히 인기 있는 곳이에요. 아름다운 꽃과 함께 한국의 미를 느낄 수 있습니다. 6월의 혼인지는 돌담에 푸른색 수국이 피는데, 그 모습이 아름다워요. 오른쪽의 사진처럼 돌담 위에 앉아서 색다른 느낌의 사진을 찍어도 좋습니다. 이곳은 제주도기념물 제17호인 '혼인지' 연못을 중심으로 공원을 조성하였으며, 이 연못은 삼신인이 혼례를 올린 장소라는 설화를 가지고 있어요. 이들의 혼례로 인해 농업이 시작되고 백성이 생겼으며 그 풍요로움으로 마침내 '탐라국'을 이루었다는 이야기가 재미있습니다. 혼인지는 10월이 되면 단 이틀 동안 혼례를 테마로 한 '제주혼인지축제'도 있습니다.

Tip **알고 가면 좋을 정보**

···   아무리 예쁜 장소라고 하더라도 사람이 많으면 그 매력이 현저히 떨어질 수밖에 없어요. 마음 편하게 예쁜 사진을 찍고 싶으면 그 장소가 오픈하는 시간대에 맞춰 방문하는 '오픈 어택'을 노려보세요. 일찍 일어나는 사람은 예쁜 사진을 얻게 됩니다. 날씨만 좋으면 오전 시간에 방문했을 때 사진처럼 빛이 예쁘게 들어오는 곳이에요. 꼭 빛이 들어올 때 사진을 찍어 보세요. 제가 보여 드리는 사진처럼 찍어 보면, 예쁜 장소에서 아름다운 추억을 더 예쁜 시선으로 간직할 수 있게 될 거예요.

서천

신성리 갈대밭

위치
충청남도 서천군 한산면 신성리
125-1

입장료
무료

주차
무료 주차 가능

추천 대상
연인 / 친구

서천군은 2018년 국제슬로시티연맹에 가입했습니다. 변화하기보다 지금의 아름다움을 유지하고, 마음을 치유하는 관광 도시입니다. 그만큼 자연친화적인 모습이 돋보이는데요. 사람들은 갈대밭이라고 하면 가을 햇빛을 받아 황금색으로 일렁이는 모습을 떠올립니다. 일반적으로 갈대밭은 가을에 구경을 많이 가기도 해요. 하지만 갈대밭이 황금색으로 물들기 전 초록빛으로 넓은 부지에 펼쳐져 있으면 어떨까요? 여름에 신성리 갈대밭에 가면 약 7만 평의 규모에 초록색의 갈대가 물결처럼 출렁이는 모습을 볼 수 있어요. 바로 옆에 흐르는 금강과의 조합은 그야말로 장관입니다. 드라마 〈킹덤〉의 촬영지로도 유명하며, 우리나라 4대 갈대밭 중 하나예요. 또한, 한국관광공사가 선정한 자연학습장입니다.

　함께 가기 좋은 곳

…　**홍원항**

위치: 충청남도 서천군 서면 도둔리 1222-7

홍원항은 서해의 진한 노을을 감상할 수 있어요. 주변에 방파제와 등대, 그리고 정박해 있는 배가 곳곳에 들어서 있어 낭만 있는 곳입니다. 홍원항은 바다낚시를 즐기는 분들께도 인기가 있습니다. 또한, 9월이 되면 서천의 대표 음식인 전어, 꽃게 축제를 개최합니다. 이때 각종 행사와 공연 등 볼거리도 제공하니, 들러보면 좋습니다.

안성

안성팜랜드

위치

경기도 안성시 공도읍 대신두길 28

운영 시간

10:00~18:00(2월~11월)

10:00~17:00(12월~1월)

입장료

온라인에서 할인가에 예매 가능하며,

가격 변동 잦음(체험 요금은 따로 적용)

주차

무료 주차 가능

추천 대상

가족

안성팜랜드는 39만 평의 규모를 자랑하는 체험 목장이에요. 2011년 개장한 이후, 꾸준하게 '가볼 만한 산업 관광지'로 추천되고 있어요. 특히, 안성팜랜드의 경관단지는 계절마다 다른 느낌을 줘서 언제 가도 색달라요. 특정 시기마다 밭을 갈아엎고 그에 맞는 꽃을 심어서 관광객을 유지합니다. 지속적인 관리와 체험, 볼거리가 많아서 연령 상관없이 인기 있는 곳이에요. 여름엔 드넓은 밭에 해바라기가 절정을 이룹니다. 뜨거운 햇살 아래 반짝이는 해바라기를 구경하러 안성으로 떠나 보세요.

Tip **알고 가면 좋을 정보**

···   안성팜랜드에는 꽃밭으로 넘어가면 그늘이 없습니다. 그래서 무더운 여름날에 가면 더위와 싸우다가 돌아오게 돼요. 해바라기밭 근처에 작은 매점이 하나 있지만, 쉽게 오갈 수 있는 거리가 아니에요. 여름에 방문한다면 양산이나 검은색 우산은 들고 가야 조금이나마 쾌적하게 즐기다 올 수 있어요. 그리고 입구에서 물도 사서 들어가면 좋은 나들이가 될 것 같습니다. 다른 계절의 안성팜랜드는 'P.192'에서 확인해 보세요.

연천

당포성

위치
경기도 연천군 미산면 동이리 778

주차
무료 주차 가능

추천 대상
연인 / 친구

별을 제대로 구경하고 싶다면 이곳으로 향하세요. 별은 하늘에 셀 수 없을 정도로 많이 존재하죠. 그런데도 우리는 별을 제대로 보지 못하는 경우가 많아요. 왜 그럴까요? '광해(光害)' 때문입니다. 표준국어대사전에선 이를 "네온사인이나 야간 조명 따위의 불빛 때문에 공중의 먼지층이 희뿌옇게 되어 기상 관측에 방해가 되는 따위의 공해."라고 설명합니다. 쉽게 말하면, 빛이 우리가 별을 관측하는 데 방해를 한다는 말이죠. 도심에서는 건물의 빛, 가로등 빛, 자동차의 빛 등 수많은 빛이 광해로 작용해서 별을 제대로 볼 수 없지만, 시골로 갈수록 산으로 들어갈수록 방해하는 빛이 없어서 별빛이 선명해 보여요. 별을 보러 갔으면 예쁘게 찍어 봐야겠죠. 휴대폰 기준으로 먼저 알려 드리고 바로 다음 장소에서 카메라 기준으로 설명해 드릴 예정이니 참고해 주세요.

Tip **은하수 촬영 방법**(휴대폰 기준)

...

① 삼각대를 반드시 준비해 주세요.

② 휴대폰이 갤럭시일 경우 프로모드로 조리개 최소 / 셔터 스피드 10초 / ISO 1600 정도로 촬영해 가면서 세팅을 조절해 보세요.

③ 아이폰의 경우 야간 모드로 촬영해 보세요.

④ 삼각대를 설치하더라도 터치하며 찍는 순간 흔들리니 타이머를 설정하고 촬영하세요.

정선

타임캡슐공원

위치
강원도 정선군 신동읍 엽기소나무길
518-23

주차
무료 주차 가능

추천 대상
친구 / 연인

국내에도 은하수가 보인다는 걸 알고 계신가요? 은하수 명소로 추천하는 이곳은, 영화 〈엽기적인 그녀〉의 촬영지로 알려진 '타임캡슐공원'입니다. 은하수를 보기 위한 조건은 까다로워요. 그뿐만 아니라, 국내에서 은하수가 관측되는 시기는 짧습니다. 은하수는 7월과 8월에 가장 선명하게 볼 수 있어요..

알고 가면 좋을 정보

① '은하수 명소'를 검색해 보고 마음에 드는 장소를 고르세요.

② 달의 모양이 최대한 초승달에 가까울 때 가는 걸 추천합니다.

③ 하늘에 구름이 적은 날이어야 해요. 자칫, 구름 때문에 별을 관찰하기 어려울 수 있어요.

④ 미세먼지가 적은 날이어야 합니다. 미세먼지가 가시거리에 영향을 주기 때문에, 선명한 별 사진을 찍는 데 중요해요.

⑤ 습도가 낮아야 해요. 습도가 높으면 안개가 낄 수 있어서, 이 또한 고려해야 합니다.

⑥ 위의 조건을 모두 충족하는 날, 필요한 장비를 챙겨서 출발하세요.

은하수 촬영 방법(카메라 기준)

① 삼각대를 반드시 준비해 주세요.

② 타이머를 2초 이상 맞춰 주세요.

③ 초점은 수동초점(MF)으로 설정하고 가장 밝은 별 기준으로 맞춰 주세요.

④ 셔터 스피드 10초 / 조리개 최대 개방 / ISO 2500을 기준으로 촬영해 보면서 밝은지 어두운지를 파악 후 세팅 값을 조절하며 촬영하세요.

⑤ 셔터 스피드는 15초를 넘기지 않게 주의해 주세요.

(별이 움직이기 때문에 15초를 넘어가면 움직임이 담겨서 궤적으로 보이게 됩니다.)

제주

버베나꽃밭

위치

제주특별자치도 제주시 이호일동

가는 법

'이호일동 1622' 검색 후 이동

주차

무료 주차 가능

(이호테우해수욕장무료주차장)

추천 대상

친구 / 연인

제주도에서 유명한 사진 장소 중 한 곳인 이호테우해수욕장에 버베나꽃밭이 있다는 거 알고 계셨나요? 정확히 말하자면, 바닷가는 아니고 도보로 약 5분 거리에 있습니다. 이 장소를 모르는 분이 많아요. 사람들이 잘 모르는 이유는 조랑말을 형상화하여 만든 '목마 등대'가 워낙 유명한 장소이기 때문인데요. 꽃이 너무나 예쁘게 피어 있는 곳인데, 사람들의 관심이 없다 보니 그 매력을 다 보여주지 못하고 결국 시들어 버리는 곳입니다. 매년 6월에서 7월이 되면 이곳에서 버베나가 예쁘게 피어나니, 널리 알려졌으면 좋겠어요. 버베나꽃밭의 장점은 비행기와 사진을 찍을 수 있다는 겁니다. 제가 찍은 사진은 비행기가 이륙할 때 같이 찍을 수 있는 모습이에요.

Tip **자랑하고 싶은 사진**

··· 제주국제공항은 바람의 방향에 따라 비행기가 이착륙하는 활주로의 방향이 바뀌기 때문에 이곳 옆에 있는 활주로 쪽이 이륙 방향인지 착륙 방향인지는 당일이 되어야 알 수 있습니다. 사진을 보면 알겠지만, 이륙할 때는 비행기가 크게 보이진 않아요. 하지만 제주도에서 비행기와 같이 찍은 사진을 살펴보면, 착륙 방향일 때 비행기가 크게 보이는 경향이 있더라고요. 이곳도 착륙 방향일 경우 비행기가 더 크게 찍힐 것 같아요. 목마 등대에서 사진을 찍는 것도 좋지만, 비행기와 버베나가 나오는 인생 사진을 남겨 보는 건 어떨까요?

수원

창룡문

위치
경기도 수원시 팔달구 남수동 152

입장료
무료

주차
유료 주차 가능
(연무대공영주차장)

추천 대상
혼자

하루는 온종일 맑은 날씨 덕분에 노을이 예쁠 거 같았어요. 곧장 친구한테 전화해서 "수원으로 노을 보러 갔다 오자."라고 했는데요. 가장 먼저 갔던 곳이 창룡문이었습니다. 그날의 노을을 잊을 수 없어요. 119가 출동해도 이상하지 않을 정도로 불타는 노을이었습니다. 창룡문과 함께 보이는 '플라잉수원'의 조합은 그 어떤 조합보다도 멋졌습니다. 이 멋진 조합에 노을까지 더해진다면 그것은 말할 것도 없죠. 노을이 예쁜 날 하늘에 떠 있는 플라잉수원을 보게 된다면 동화 속에 들어온 기분이 들 거예요. 시간적 여유가 있다면 이용료를 내고 직접 플라잉수원을 체험해 봐도 좋을 것 같습니다.

Tip   **함께 가기 좋은 곳**

···   **방화수류정**

위치: 경기도 수원시 팔달구 수원천로392번길 44-6

노을이 절정일 때 창룡문에서 구경하고 가까운 거리를 빠르게 이동해서 방화수류정에 가보세요. 하늘에 붉은색 여명이 남아 있을 때 도착하면 성문과 함께 실루엣 사진을 찍어 보세요. 사진을 찍은 위치는 동암문 근처 언덕이고 점프하고 있는 곳의 위치는 동북포루 앞입니다. 해당 사진은 아이폰 기준 3배 확대의 화각과 비슷합니다. 휴대폰으로도 충분히 촬영이 가능하니 한번 시도해 보세요.

시흥

배곧한울공원

위치
경기도 시흥시 해송십리로 61

운영 시간
해수체험장
10:00~17:00
(매년 7월~8월 중 개장)

입장료
해수체험장
36개월 이상 4,000원
시흥시 거주자 2,800원

주차
무료 주차 가능

추천 대상
연인 / 가족

저에게 국내에서 볼 수 있는 이국적인 풍경을 추천해 달라고 하면, 배곧한울공원을 이야기합니다. 바다 너머 보이는 송도의 모습이 뉴욕의 맨해튼을 연상시킵니다. 이곳에서 노을을 보면 외국에 온 듯한 착각에 빠지게 되더라고요. 여름이 되면 해수체험장을 오픈하는데, 가족 단위로 놀러 와서 수영을 즐기기에 특히 좋은 곳입니다. 해수와 상수도를 일정 비율로 섞어서 공급하고 매주 수질관리를 해서 깨끗하고 안전한 물놀이가 가능한 곳이에요. 덤으로 멋진 경치를 보며 사진까지 찍을 수 있다는 게 이곳의 장점입니다.

자랑하고 싶은 사진

① 바다 쪽 난간으로 가서 구도를 잡아 보세요.

(이때, 바다 너머의 송도가 프레임 안에 들어오면 이국적인 느낌을 낼 수 있어요.)

② 2층 전망대에서 1층에 있는 모델을 찍어 보세요.

(이곳의 아름다움과 함께 모델을 색다른 느낌으로 찍어 볼 수 있습니다.)

③ 수영장에 물이 차 있으면, 물 위에 일렁이는 노을을 담아보세요.

(드넓은 물 위로 붉은 색감이 올라와, 아름답게 연출됩니다.)

안산

탄도항

위치
경기도 안산시 단원구 선감동 717-5

주차
무료 주차 가능

추천 대상
연인 / 가족

저는 어떤 장소에 방문했을 때 그곳이 마음에 들고, 가는데 무리하지 않는 거리라면 여러 번 방문해요. 그중 한 곳이 탄도항인데요. 저는 탄도항에서 느낄 수 있는 모든 시간대를 다 느끼고 왔어요. 다섯 번이나 갔을 정도로 제가 좋아하는 곳입니다. 사실 이곳은 집에서 차로 왕복 3시간이나 되는 거리인데요. 가까운 곳이 아닌데도 불구하고 이 정도로 다녀갔으면 다 이유가 있겠죠? 이곳의 매력은 바다와 풍력발전기, 서해의 아름다운 노을을 함께 볼 수 있다는 점이에요. 그리고 서해답게 썰물 때는 물이 빠져서 섬으로 걸어 들어갈 수 있는 곳이에요. 노을 시간대와 썰물 때가 맞는다면 아름다운 절경을 볼 수 있습니다.

Tip **알고 가면 좋을 정보**

...   오른쪽 사진처럼 노을을 보며 물이 찰랑거리는 길을 걷는 사진을 찍는 방법을 알려드릴게요.

① '바다타임' 사이트에서 '안산탄도'를 검색하세요.

② 만조 시각(두 개의 시간대 중 아래 시간)에서 1시간 30분에서 2시간을 더한 시간 사이에, 그날의 일몰 시간이 들어가는 날에 가세요.

③ 만조 시각 옆의 괄호 안 숫자는 물 높이를 나타냅니다.

(숫자가 700이 넘어가면 섬으로 들어가는 다리가 완전히 잠기는 높이에요.)

④ 예를 들어 일몰이 19:00인 날이면, 17:00가 만조 시각이고 괄호 안의 숫자가 700 근처일 경우 일몰 때가 되면 물이 조금씩 빠져요.

(이때, 오른쪽 사진처럼 사진을 찍으면 됩니다.)

제주

닭머르

위치
제주특별자치도 제주시 조천읍
신촌리 3403

주차
무료 주차 가능

추천 대상
친구 / 연인

제주의 노을 명소는 많고 많습니다. 그중에서 이곳을 추천하는 이유는 양옆이 풀로 뒤덮인 정자로 들어가는 길, 바다와 노을을 한 프레임 안에 담으면 감탄이 절로 나와요. 훌륭한 바탕을 뒤로하고 인생 사진을 찍을 수 있습니다. 피사체가 해를 정면으로 바라볼 때 뒤에 서서 역광으로 찍어 보세요. 해가 수평선으로 들어가는 광경을 보면서 시시각각 변하는 하늘의 색감을 담아 봐도 좋습니다. 해가 완전히 사라지고 나면 더욱 붉어지는 여명까지 모든 게 완벽한 곳입니다. 비행기가 지나다니는 것도 쉽게 볼 수 있어서 노을과 비행기까지 한번에 찍을 수 있습니다.

Tip **역광 촬영 방법**

···

① 사진 찍는 방법

먼저, 원하는 구도를 잡아 줍니다. 휴대폰 화면에서 사람 부분을 터치하면 배경의 하늘이 하얗게 변하고 디테일이 사라집니다. 이 상태에서 다시 가볍게 터치하고 아래로 쓸어내리면 화면이 점점 어두워지며 날아갔던 배경의 디테일이 조금씩 살아나게 될 거예요. 디테일이 어느 정도 보일 정도로만 밝기를 낮춰 주세요.

② 색감 보정 방법

이후 색감 보정을 통해 어두운 부분만 살짝 올려 주세요. 그렇게만 해도 예쁜 역광 사진을 찍을 수 있습니다. 'Lightroom' 앱 기준 어두운 영역과 검정계열을 + 방향으로 올리고 생동감도 높여 주면 예쁜 역광 사진을 간직할 수 있을 거예요.

서울

용양봉저정공원

위치
서울특별시 동작구 본동 산3-9

촬영 위치
본문 참고

주차
무료 주차 가능

추천 대상
혼자

8월에 가기 좋은 장소는 노을이 예쁜 곳으로 준비해 봤습니다. 그 첫 번째는 서울 도심의 모습을 볼 수 있는 용양봉저정 공원입니다. 이곳은 여의도와 한강이 한눈에 내려다보이는 한강 변에 위치한 공원이에요. 노들역과 흑석역 중간에 위치해서 노들역에서 가면 3번 출구, 흑석역에서 가면 4번 출구로 나가서 도보 5분 이내로 도착할 수 있는 곳이에요. 높이도 그렇게 높지 않고 탁 트인 전망이 너무나 아름다워요. 제가 서울에서 노을을 볼 수 있는 곳 중 가장 좋아하는 장소입니다. 노을이 지면 늘 오가던 거리가 낯설고, 새삼 벅차오르는 아름다움을 느껴요. 노을만 있으면 멀리 가지 않아도 여행 가는 기분이 듭니다. 바쁜 일상에 지쳤다면 용양봉저정공원에서 잠깐이라도 쉬어 가세요.

Tip **알고 가면 좋을 정보**

··· 평균적으로 노을은 여름이 가장 예뻐요. 여름엔 공기 중 습도가 높아서 일몰 때 빛의 굴절과 산란이 상대적으로 더 잘 일어나는데요. 덕분에 다른 계절보다 붉은빛이 잘 보이게 됩니다. 하늘이 파랗고 구름이 적당한 날은 8월 추천 장소에 가서 노을 구경을 해보세요.

··· 용양봉저정은 1789년 정조 때 지은 것으로 추정되는 누정(樓亭)입니다. 누정은, 누각(樓閣)과 정자(亭子)를 일컬으며 과거 풍류를 즐기고 수양을 하던 장소였습니다. 용양봉저정은 1972년 서울특별시 유형문화재로 지정되었습니다.

고성

상족암군립공원

위치
경상남도 고성군 하이면 덕명5길
42-23

주차
무료 주차 가능

추천 대상
가족 / 연인

바다 여행지의 인기 있는 장소 중 하나가 실루엣 사진을 찍을 수 있는 동굴입니다. 밀물 썰물로 인해 동굴이 바닷물에 잠겼다가 빠지길 반복하는데요. 하루에 단 두 번, 자연이 허락한 시간에만 입장이 가능합니다. 만약 사진을 찍고 싶다면 밀물 썰물 시간대를 확인하고 가야 해요. 이곳은 공룡 발자국이 있는 곳이기도 해요. 대한민국에 공룡이 살았다는 증거가 되는 곳이에요. 아이들과 방문하게 된다면 실제 공룡 발자국을 통해서 상상력을 자극하기에도 좋은 장소입니다.

Tip   **물때 맞추는 방법**

...   실루엣 사진을 아름답게 찍기 위한 필수조건 '물때'를 알려드릴게요.

① '바다타임' 사이트 접속 후 '상족암'을 검색해서 간조 시각을 확인하면 됩니다. 간조 시각 기준 앞뒤로 1시간에서 2시간 이내에 도착하면 입장이 가능해요.

② 간조 시각 이후로는 다시 물이 조금씩 차니까 최대한 맞게 도착하는 걸 추천해요.

③ 동굴 실루엣 사진은 동굴 내부에서 구도를 먼저 잡습니다. 휴대폰 속 인물을 터치해서 노출과 초점을 잡고 밑으로 쓸어내리면 어두워져요. 이때 인물의 디테일이 잘 보이지 않아서 실루엣처럼 보입니다.

이렇게 하면 멋진 실루엣 사진을 찍을 수 있을 테니, 한번 도전해 보세요.

논산

온빛자연휴양림

위치
충청남도 논산시 벌곡면 황룡재로
480-113

입장료
무료

주차
무료 주차 가능

추천 대상
연인 / 친구

매일매일 도심 속의 답답함과 사람들 속에서 복잡하고 정신없는 일상을 보내는 현대인에게 필요한 건 무엇일까요? 저는 한적한 장소에서 맑은 공기를 마시며 여유를 느낄 수 있는 환경이라고 생각합니다. 별거 아니지만, 생각보다 더 기분이 좋아져요. 스트레스가 줄어들고 근심 걱정을 내려놓게 되더라고요. 높게 뻗은 나무와 작은 호수, 숲의 초록색과 조화되는 노란색 집은 이국적이면서 아름답게 느껴집니다. 유럽의 어느 소도시에 와 있는 듯한 착각마저 드는 것 같아요. 제가 방문했을 당시 이곳은 인스타그램의 해시태그가 100개도 안 되는, 아는 사람이 거의 없는 곳이었습니다. 그러나 드라마 〈그 해 우리는〉의 촬영지로 알려지며 관광지로 바뀌게 되었어요. 그렇다고 사람이 바글바글한 장소는 아니다 보니 충분히 여유를 만끽하다 올 수 있을 거예요.

Tip   **알고 가면 좋을 정보**

···   저는 푸릇푸릇한 여름에 방문했지만, 다른 계절에 찾아도 아름답습니다. 봄과 여름에는 깊이감이 있는 초록색으로 가득하고, 가을에는 주황빛으로 물들고, 겨울에는 언 호수 위로 눈이 쌓여 엄청난 장관이 펼쳐지는 곳이다 보니 모든 계절에 한 번씩 방문하는 것도 좋을 것 같습니다.

하동

삼성궁

위치
경상남도 하동군 청암면 삼성궁길 2

입장료
성인 7,000원
군인(제복 입은 하사관 이하) 4,000원
청소년 4,000원
어린이(7세~12세) 3,000원
장애인(복지카드 소지자) 3,000원
국가유공자 3,000원

운영 시간
08:30~18:00
(계절에 따라 변동 가능)

주차
무료 주차 가능

추천 대상
연인 / 가족

이곳은 고조선의 역사를 간직한 곳이에요. 과거, 천신에게 제사를 지내던 성지를 복원한 곳으로 역사 시간에 배웠던 환인, 환웅, 단군을 모시는 배달겨레의 성전입니다. 물 색깔이 에메랄드빛으로 빛나서, 들어서자마자 분위기에 압도당하는 곳입니다. 입구부터 시원하게 내려오는 폭포도 멋있고 길을 따라 올라가면 나오는 장소에서 특별한 사진을 찍을 수 있어요. 이곳엔 크고 작은 바위가 여러 개 있습니다. 마음에 드는 돌 위에 올라가서 사진을 찍어 보세요. 삼성궁은 가을 단풍으로 물들면 더욱 아름답게 변하는 곳입니다. 11월 이후에 방문하게 되면 알록달록 단풍과 함께 파란 물을 같이 담을 수 있어, 가을에도 유명한 관광지예요. 원하는 느낌을 찾아서 그 계절에 맞게 방문하면 좋습니다.

　　함께 가기 좋은 곳

... 　　**동정호**

위치: 경상남도 하동군 악양면 평사리 305-2

동정호는 가을 명소로 주목받는 곳이에요. 이곳은 삼성궁에서 시간을 보내고 가면 좋습니다. 삼성궁에서 자가용으로 1시간 정도의 거리에 있습니다. 갈대와 핑크뮬리가 빼곡하고, 근처에 조성된 '알프스 정원'도 아름답습니다. 여름엔 유럽 수국이 만발하는 곳이에요. 특히, 잔잔한 호수 위에 비치는 정자의 모습이 한 폭의 그림 같은 곳입니다.

태안

청산수목원

위치
충청남도 태안군 남면 연꽃길 70

운영 시간
09:00~18:00(4월~5월)
08:00~19:00(6월~10월)
08:00~18:00(11월~3월)
(입장 마감은 일몰 1시간 전까지)

주차
무료 주차 가능

추천 대상
연인 / 친구

입장료
12월~3월
일반 8,000원
청소년(초·중·고) 5,000원
유아(3세~7세) 4,000원

4월~8월 중순(홍가시·창포·연꽃 시즌)
일반 10,000원
청소년(초·중·고) 7,000원
유아(3세~7세) 5,000원

8월 하순~11월(팜파스·핑크뮬리 시즌)
일반 11,000원
청소년(초·중·고) 8,000원
유아(3세~7세) 6,000원

팜파스는 초록색이 가득한 풀로 시작해서 위로는 베이지색의 갈대처럼 생겼어요. 이 오묘한 색감은 사진으로 볼 때 유독 그 분위기가 살아나요. 청산수목원은 팜파스 명소 중에서도, 드넓은 곳입니다. 이곳은 핑크뮬리도 빠르게 피어나는 곳이라, 시기를 잘 맞추어 두 식물을 구경하면 좋아요. 4월부터 8월 중순까지는 홍가시, 창포, 연꽃 시즌으로 운영되어, 다른 계절에 찾아가면 또 색다릅니다. 또한, 식목원 내에서 카페를 운영하고 있어서 음료를 마시며 갖가지 식물을 둘러보기 좋아요. 식목원의 생동감 넘치는 환경을 마음껏 느끼고 오길 바랍니다.

Tip **알고 가면 좋을 정보**

··· 팜파스 잎이 날카로워서 긴바지를 입는 게 좋습니다. 여성일 경우, 치마를 입을 분은 짧은 치마가 아닌 발목까지 내려오는 긴 치마를 추천합니다. 그래야 다리에 상처가 안 나고 안전하게 촬영할 수 있어요.

Tip **자랑하고 싶은 사진**

··· 이곳 팜파스는 2~2.5m 정도로 키가 큽니다. 피사체의 다리를 길어 보이게 찍으려고 카메라의 위치를 너무 아래로 내리기보다는, 인물의 눈높이에 맞춰 카메라를 두고 찍어 보세요. 사람의 다리를 무릎이나 발목 등의 관절이 아닌 정강이, 허벅지 등에서 잘리게 구도를 잡으면 큰 키의 팜파스와 함께 어우러지는 예쁜 사진을 찍을 수 있어요.

인천

하늘정원

위치
인천광역시 중구 운서동 2848-6

입장료
무료

주차
무료 주차 가능

추천 대상
연인 / 친구

저는 날아가는 비행기와 사진 찍는 걸 좋아합니다. 비행기를 담을 수 있는 장소를 찾아보고 시간이 되면 방문해요. 이곳은 인천국제공항 근처에 있어요. 하늘정원은 이름 그대로 사진을 찍으면 하늘과 정원, 두 가지가 프레임에 가득 차요. 그리고 하늘엔 비행기가, 정원엔 형형색색의 꽃이 만발해 있습니다. 코스모스, 황화코스모스, 댑싸리와 비행기의 이색적인 사진을 남길 수 있어서 매력적입니다. 또한, 산책하기 좋은 길이라서 생각이 많을 때 조용히 걷기 좋은 코스예요. 반려동물도 출입이 가능해서 함께 좋은 시간을 보내면 좋습니다.

알고 가면 좋을 정보

··· 이곳은 비행기가 높게 날지 않아서 사진에 크게 담을 수 있어요. 비행기
를 타며 아래의 전경을 내려다보는 사진은 많지만, 날아가는 비행기와
사진을 찍을 수 있는 경우는 드물잖아요. 하늘정원전망대도 있으니 올라
가 보세요. 고요한 가을의 모습과 비행기를 감상하기 좋습니다. 또한, 공
항 근처이니 한 번에 비행기와 마음에 드는 사진을 못 찍어도 괜찮아요.
조금만 기다리면 또다시 비행기가 찾아와서 멋진 사진을 찍을 기회는 무
궁무진합니다.

안성

안성팜랜드

위치
경기도 안성시 공도읍 대신두길 28

운영 시간
10:00~18:00(2월~11월)
10:00~17:00(12월~1월)

입장료
온라인에서 할인가에 예매 가능하며,
가격 변동 잦음(체험 요금은 따로 적용)

주차
무료 주차 가능

추천 대상
가족

안성팜랜드는 7월에 가기 좋은 장소로 소개해 드렸던 곳이죠. 여름에는 더워서 사진을 찍기 힘들었다면 가을을 한번 노려보세요. 날씨가 덥지도, 춥지도 않아서 선선한 바람을 맞으며 여유롭게 사진을 찍을 수 있습니다. 매년 이곳의 핑크뮬리 상태가 훌륭해서 햇빛을 받으면 보정한 것처럼 진한 분홍빛 색감이 잘 보입니다. 코스모스와 핑크뮬리만 보더라도, 하루 종일 신이 나서 사진을 찍고 있는 자신의 모습을 발견할 거예요. 사진을 다 찍고 나면 가벼운 휴식 후에 카트 체험을 해보세요. 어린아이도 좋아하지만, 어른이 된 저에게도 동심으로 돌아간 것 같아서 좋았습니다.

Tip **알고 가면 좋을 정보**

··· 안성팜랜드에서 계절별로 볼 수 있는 꽃, 체험을 정리해 볼게요.

봄: 냉이 캐기 체험, 청보리, 호밀, 유채꽃, 장미, 황화코스모스

여름: 양귀비, 해바라기, 백일홍, 연꽃, 수국, 백합

가을: 핑크뮬리, 코스모스

겨울: 눈썰매, 빙어 낚시

서울

여의도한강공원

위치
서울특별시 영등포구 여의동로 330

축제 개최 시기
서울세계불꽃축제
매년 9월 말~10월 초

촬영 위치
한강철교 부근

추천 대상
연인 / 혼자

매년 9월 말에서 10월 초 여의도에서 열리는 '서울세계불꽃축제'는 국내 연간 최대 행사 중 하나입니다. 전국에서 많은 사람이 모이는 대규모 축제인데요. 문제는 이 축제를 보기 위해 약 100만 명 정도가 모인다는 거예요. 많은 사람이 오는 만큼, 자가용보다는 대중교통을 이용하여 이동하길 권해요. 소위 '명당'이라 불리는 자리에서 사진을 찍기 위해서 전날 밤부터 와서 자리를 잡고 기다리는 사람도 있습니다. 저도 불꽃놀이를 촬영하기 위해 아침 8시에 가서 11시간을 기다렸습니다. 긴 기다림만큼이나 그 결과물은 만족스러웠어요. 한 자리에서 오랜 시간 기다리고 인파 속에서 견뎌야 하지만, 한 번쯤 직관해 보길 추천합니다. 경쾌한 불꽃 터지는 소리가, 기다리느라 힘들었던 마음을 녹여 주거든요.

알고 가면 좋을 정보

···   명당에서 불꽃을 찍기 원한다면 최소 당일 새벽에는 움직여야 좋은 자리
를 얻을 수 있을 거예요. 늦어도 해가 뜰 때쯤에는 도착해야 찍을 만한 자
리를 확보하는 데 도움이 됩니다.

···   전문적인 촬영에는 관심이 없는 분들을 위한 팁입니다. 돗자리를 깔
고 앉아 구경하면서 휴대폰으로만 촬영하는 분들은 최소 점심 이전에 가
서 자리를 맡아 놓는 걸 추천합니다.

불꽃축제 직관 위치

···   불꽃이 터지는 위치는 여의도한강공원과 건너편 이촌한강공원 딱 중간
인 한강 위입니다. 행사 당일에는 배가 한강 위에 이미 배치가 되어 있을
테니, 장소를 보고 나무로 시야가 가려지지 않는 곳이면서, 나를 그림자
로 막아 줄 만한 나무가 바로 옆에 있는 자리가 좋습니다. 그래야 아름다
운 불꽃놀이가 잘 보여요.

한강철교 북단 부근 / 여의도한강공원(사람이 가장 많음) / 이촌한강공원

원효대교 북단 부근 / 용양봉저정공원

천안

핀스커피

위치
충청남도 천안시 동남구 해솔 1길
27-29

운영 시간
11:30~22:00

인스타그램
@pinscoffee

주차
무료 주차 가능(150분 기준)

추천 대상
연인

가을에 사람들이 가장 많이 찾는 식물 하면 생각나는 게 하나 있죠. 바로 핑크뮬리입니다. 저는 전국의 핑크뮬리 명소를 다양하게 다녀왔는데요. 제가 직접 가봤거나 아직 가보지 못해서 사진으로만 접한 실내와 실외를 모두 포함해서, 핑크뮬리 명소 중 이곳이 단연 최고라고 생각합니다. 핀스커피는 공식이 있어요. 노을 타이밍에 방문하는 겁니다. 핑크뮬리와 억새가 붉은 노을빛을 만나면 평소에는 느끼지 못할 황홀감을 느낄 수 있을 거예요. 가을은 다른 계절과 달리 "가을을 탄다."라는 말이 존재하는데요. 가을에만 느낄 수 있는 감성이 있어서 그런 것 같아요. 이곳 핀스커피는 그런 가을을 타기에 적합한 곳입니다.

역광 촬영 방법

···

① 노을이 지는 곳을 정면으로 바라보고 구도를 잡아 주세요.

② 초점을 맞출 피사체를 터치해 주세요.

③ 피사체에 초점을 맞추면, 해의 노출이 너무 날아가서 손가락을 밑으로 쓸어내려 밝기를 낮춰 줍니다.

④ 역광 사진은 보정하면 더 예뻐요. 기본 보정 기능으로 그림자와 따뜻함 수치만 + 방향으로 조금 올려주면 훨씬 보기 좋아집니다.

합천

황매산군립공원

위치
경상남도 합천군 가회면
황매산공원길 331

입장료
무료

주차
유료 주차 가능

추천 대상
친구 / 연인

가을이 오면 장소마다 느낌이 다르잖아요. 저는 그 느낌이 장소의 색감에서 달라진다고 생각해요. 분명 같은 시기의 가을인데 은행나무가 주는 노란색과 단풍이 주는 붉은색, 그리고 이곳 황매산의 갈대가 주는 갈색의 느낌은 너무나도 다르죠. 그게 바로 가을의 매력이 아닐까 싶어요. 이곳 황매산에서는 푸른 하늘이 주는 가을 특유의 선선함이 있어요. 또 해를 통해 빛이 나는 갈대에서는 따뜻함을 느낄 수 있습니다. 황매산은 가을을 느끼기에 최적의 장소입니다. 이곳을 처음 알게 된 분들은 '산이라서 힘들지 않을까?'라는 생각을 할 수도 있는데, 차를 타고 올라가는 주차장의 위치가 높은 고도에 있고 주차장에서부터 산책처럼 다녀올 수 있는 코스예요. 평소 등산을 싫어하는 분께도 강력하게 추천할 수 있습니다. 너도나도 단풍과 사진 찍기 바쁜 가을에, 비교적 한산한 이곳에 가서 가을을 제대로 느끼고 오는 건 어떤가요?

Tip **알고 가면 좋을 정보**

···   '황매산 제1오토캠핑장' 검색 후 가면 등산로 입구와 가장 가까운 곳에 주차할 수 있습니다. 등산로가 완만하여 중간중간 멋진 경치와 사진을 찍을 만한 곳이 꽤 있어요. 입구에서 쉬지 않고 올라가면 30분 내로 정상에 도착할 수 있습니다.

거창

감악산 풍력발전단지

위치
경상남도 거창군 신원면
연수사길 456

입장료
무료

주차
무료 주차 가능

추천 대상
연인 / 친구

시간이 빠르게 지나간다는 것이 느껴질 때는, 어느새 가을이 왔을 때인 것 같습니다. 그러면 다 지나간 한 해를 붙잡고 아쉬움을 토로하고 싶어지는데요. 지나가는 시간만 아쉬워하지 말고 보랏빛으로 물든 세상으로 여행을 떠나 보세요. 9월 말부터 10월 초에 거창 감악산에 방문한다면, 이국적인 느낌이 물씬 풍기는 가을 풍경을 만나 볼 수 있을 거예요. 감악산의 풍력발전단지에 펼쳐진 보랏빛 세상은 가을이 아니면 느낄 수 없어요. 아스타국화와 풍력발전기가 한 프레임 안에 들어와서 누구나 멋진 인생 사진을 찍을 수 있습니다. 그리고 SNS에 올리면, 이런 질문을 받게 될 거예요. "여기가 한국이야?" 아스타국화가 펼쳐진 세상 반대쪽에는 구절초와 억새가 흐드러지게 피어 있어 다양한 가을의 정취를 느낄 수 있습니다.

Tip **자랑하고 싶은 사진**

···

① 이곳은 온통 진한 색감으로 가득한 곳이에요. 밝은색의 옷을 입고 가는 걸 추천합니다. 여성분의 경우 흰색 긴 원피스를 입고 간다면 보라색 꽃밭과 색이 대비되어 잘 어울립니다.

② 바람이 불 때 촬영하면 좀 더 역동적인 사진을 찍을 수 있습니다.

③ 사진을 찍을 때 전신사진이 잘 나오는 곳이에요. 꽃밭에 들어가서 인물의 발끝을 사진 하단에 맞춰서 인물이 중앙에 오도록 찍어 보세요.

광주

스멜츠

위치
경기도 광주시 신현로 103

운영 시간
10:30~22:00

인스타그램
@smeltz_official

추천 대상
연인 / 친구

이곳은 실내 공간에서 단풍을 느낄 수 있는 카페 중 유명하기로는 상위권인 카페입니다. 통유리로 보이는 단풍의 모습이 아름다워서 비현실적으로 느껴졌어요. 마치 단풍 영화를 상영하고 있는 것처럼 느껴집니다. 유리로 된 원형 테이블에 반사되는 단풍과 따뜻한 라떼 한 잔의 조합은 그 어느 라떼보다도 고소하게 느껴져요. 그래서 유리에 비치는 은행나무의 따뜻함과 따뜻한 라떼가 한 프레임 안에 나오게 찍는 사진은 필수라고 생각해요. 돌아오는 가을, 이곳 스멜츠에서 여유를 느껴보는 건 어떨까요?

알고 가면 좋을 정보

... 사진을 찍은 공간은 2층입니다. 아무도 없는 공간을 찍고 싶으면 아침 일찍 가서 줄을 서야 가능합니다. 제가 갔던 날 기준 금요일 오전 9시 50분에 1등으로 도착해서 대기했고 얼마 지나지 않아 서서히 줄이 길어지더라고요. 마음에 드는 자리를 잡으려면 오픈 최소 한 시간 전에는 도착하는 걸 추천합니다.

광주

화담숲

위치
경기도 광주시 도척면 도척윗로 278-1

입장료
봄~가을(모노레일 탑승권 별도)
성인(만 19세~만 64세) 10,000원
경로(만 65세 이상) 8,000원
청소년(중·고등학생) 8,000원
어린이(24개월~초등학생) 6,000원

겨울(모노레일 탑승권 포함)
일반(성인, 경로, 청소년) 10,000원
어린이 8,000원

주차
무료 주차 가능

운영 시간
09:00~18:00
(방문 전 공지사항 반드시 확인)

추천 대상
연인 / 가족

가을에 여유롭게 산책하며 단풍의 진한 색감을 느낄 수 있는 곳이 있습니다. 화담숲은 LG상록재단에서 공익사업의 일환으로 설립한 수목원입니다. 약 5만 평의 규모로, 16개의 테마와 4000여 종의 식물을 전시하고 있습니다. 가을에 가면 채도와 명도가 각기 다른 단풍을 구경하는 재미가 있습니다. 여유롭게 걸으면 두 시간 정도 걸리는데 구경할 거리가 많이 있어서 지루할 틈이 없는 곳이에요. 모노레일을 타고 구경하는 것도 색다른 추억이 됩니다. 모노레일을 타면 화담숲 서쪽 이끼원 입구부터 화담숲 정상, 그리고 분재원 사이를 지나게 됩니다. 20분 정도 걸리는 코스예요. 이곳에서 드넓은 숲의 공기를 마시며 산책해 보는 건 어떨까요?

Tip **알고 가면 좋을 정보**

- 단풍 시즌은 사전 예약 필수입니다. 주말 예약은 정말 힘들어요. 주말 예약은 예약하기도 힘들지만, 사람도 많아서 예쁜 사진을 찍기 힘듭니다. 되도록 평일에 가는 걸 추천합니다.

- 모노레일은 현장에서 발권하세요. 승강장은 1~3으로 나뉘어 있어요. 한 구간씩 개별 결제는 불가능하고 1-2 / 1-3 / 전체 한 바퀴 이렇게만 구매가 가능합니다. 시간적 여유가 된다면 쭉 걸으면서 구경해 보세요.

서울

경복궁

위치
서울특별시 종로구 사직로 161

운영 시간
매주 화요일 정기 휴무
09:00~17:00(1월, 2월, 11월, 12월)
09:00~18:00(3월, 4월, 5월, 9월, 10월)
09:00~18:30(6월, 7월, 8월)

입장료
내국인 대인(만 25세~만 64세) 3,000원
외국인 대인(만 19세~만 64세) 3,000원
외국인 소인(만 7세~만 18세) 1,500원
(매월 마지막 주 수요일 '문화가 있는 날' 무료)

주차
유료 주차 가능
(광화문에서 삼청동 가는 길 초입 좌측 편)

추천 대상
연인 / 친구

서울에서 과거 조선 시대로 시간 여행을 할 수 있는 가장 좋은 곳은, 이곳 경복궁이죠. 한복을 입고 단풍과 함께 사진을 찍으면 그것이 독보적인 한국의 미를 표현하는 게 아닐까 싶어요. 저도 경복궁의 매력을 제대로 느낀 건 사실 얼마 안 되었어요. 누구나 그렇듯 나이가 어릴 때는 한국의 전통적인 궁궐에 큰 관심이 없잖아요. 나이가 조금씩 드니까 이런 장소가 다르게 보이더라고요. 그래서 제가 느낀 이런 아름다움을 조금이라도 더 많은 사람이 매력을 느꼈으면 해요. 요즘의 저는 사람들이 우리의 전통이 갖는 아름다움을 한 번 더 바라보길 바라는 마음에 사진을 찍으러 다니는 것 같아요.

Tip **알고 가면 좋을 정보**

⋯ 경복궁은 일정 기간 야간개장을 진행합니다. 경복궁의 야간관람은 하루에 판매하는 티켓의 수량이 한정되어 있어요. 날짜를 잘 맞춰서 가면 색다른 관람이 가능합니다.

⋯ 경복궁은 한복 착용자의 입장이 무료예요. 평소에는 입기 어려운 한복을 입어도 이질감 없이 돌아다닐 수 있습니다. 아름다운 사진은 덤으로 남길 수 있어요.(단, 경복궁에서 지정한 한복의 기준을 따라야 합니다.)

⋯ 경복궁의 주변에 다양한 관광지가 있어요. 청와대, 덕수궁, 창덕궁, 북악산이 경복궁에서 멀지 않아요. 경복궁부터 주변을 둘러보며 과거의 정취를 느껴봐도 좋습니다.

서울

성균관 명륜당

위치
서울특별시 종로구 명륜3가

운영 시간
09:00~18:00(3월~10월)
09:00~17:00(11월~2월)

입장료
무료

추천 대상
친구 / 가족

서울에 가을이 찾아오면 사람이 가장 많이 몰리는 단풍 명소가 있죠. 이곳 명륜당도 그중 한 곳입니다. 400년 넘도록 아름다운 자태를 유지하고 있는 거대한 은행나무는 보자마자 입이 떡 벌어지게 만듭니다. 위풍당당한 은행나무의 모습에서 엄청난 압도감이 느껴져, 감탄이 절로 나오는데요. 천연기념물 제59호로 지정되기도 했습니다. 저는 이런 거대한 단풍나무를 보면 달려가는 연출 사진이 예쁘다고 생각해요. 어쩐지 아빠 품에 달려가 안기는 아이의 느낌이 듭니다. 이 사진을 보면 색감 자체가 따뜻한 것도 있지만 큰 나무가 주는 편안함이 한몫하는 것 같아요. 매번 똑같은 포즈, 똑같은 연출로만 사진을 찍긴 질렸다면 큰 은행나무에 달려가는 연출도 한번 찍어 보길 바라요.

Tip 알고 가면 좋을 정보

… 안타깝게도 은행나무의 지지대 교체 공사 중에 큰 가지 하나가 부러져서, 나무가 훼손되는 사고가 발생했습니다. 이 소식은 저처럼 사진 찍는 걸 좋아하는 사람들에게도 속상한 소식이었어요. 천연기념물로 등재된 뿌리 깊은 나무인데 온전하게 예전처럼 돌아가려면 오랜 시간이 걸린다고 합니다. 하루빨리 이전의 예쁜 모습으로 돌아왔으면 하는 바람입니다.

포천

국립수목원

위치

경기도 포천시 소흘읍 광릉수목원로
415

운영 시간

매주 월요일 휴무(1월 1일, 명절 휴원)
1월, 2월, 12월 매주 일요일 휴원
09:00~18:00(4월~10월)
09:00~17:00(11월~3월)

입장료

대인(만 20세~만 64세) 1,000원
청소년(만 13세~만 19세) 700원
어린이(만 7세~만 12세) 500원
(매월 마지막 주 수요일은 무료)

주차

유료 주차 가능
(홈페이지에서 사전 예약 필수)

추천 대상

가족

가을이 되면 많은 사람이 단풍을 찍으러 집 밖을 나섭니다. 국립수목원은 아는 사람만 아는 나름 숨겨진 장소예요. 어르신들께는 꽤 유명한 장소이긴 하지만 젊은 층에게 알려진 장소가 아니거든요. 평일에 갈 시간만 된다면 쾌적하게 사람에 치이지 않고 사진을 찍을 수 있을 거예요. 도저히 평일에 시간이 나지 않아서 주말에 갈 수밖에 없는 분들은 오픈 시간에 맞춰서 가는 걸 추천해 드릴게요. 이곳은 단순히 휴식 공간으로만 활용되지 않고, 식물 자원의 연구와 보존 작업이 이루어지는 곳이기도 합니다. 국립수목원인 만큼 관리가 잘되어 있고 부지가 넓어서 천천히 다 돌면서 사진을 찍으면 2시간은 훌쩍 지나가 있을 거예요. 단풍나무 사이로 들어오는 빛을 잘 이용해서 사진을 찍으면 인생 사진을 건질 수 있으니, 가을에 꼭 가 보길 추천해 드립니다.

알고 가면 좋을 정보

... 직접 운전해서 방문할 계획이라면 반드시 인터넷 홈페이지에서 주차 예약을 해야 합니다. 주차 예약을 한 차만 주차장에 입장이 가능해요.

... 대중교통을 이용할 분은 택시가 잘 안 잡히는 지역이니 참고하세요. 수목원 앞에서 시내로 가는 버스는 21번이 있습니다. 운행 간격은 평일 25분에서 40분, 주말은 40분에서 50분입니다. 이동할 때 미리 운행 정보를 확인하면 좋습니다.

평창

대관령 삼양목장

위치

강원도 평창군 대관령면 꽃밭양지길
708-9

입장료

대인(만 19세~만 64세) 10,000원

소인(36개월 이상, 초·중·고등학생) 8,000원

우대(만 65세 이상) 7,000원

6개월 미만 무료

(목장 사정에 따라 변경 가능)

운영 시간

09:00~17:00(5월~10월)

09:00~16:30(11월~4월)

(목장 사정에 따라 변경 가능)

주차

무료 주차 가능

추천 대상

연인 / 가족

겨울이 되면 강원도에 눈이 언제 오나, 하고 기다리는 분이 많잖아요. 겨울은 길지만 펑펑 내리는 눈을 보거나 소복한 곳에서 즐기는 시간은 자주 있지 않습니다. 그래서인지 눈 소식을 기다렸다가 듣는 순간 강원도로 가는 분을 많이 봤는데요. 저도 그렇게 다녀왔는데 역시나 눈 쌓인 강원도는 최고였습니다. 하얀 언덕에 풍력발전기가 돌아가는 모습은 아름답고 또 아름답습니다. 하지만 좋은 점만 있진 않아요. 산 꼭대기에 있다 보니 엄청난 칼바람이 불어옵니다. 얼굴에 정면으로 바람을 맞으면 피부가 쩍쩍 갈라져요. 피가 나는 듯한 고통을 느낄 정도로 매섭습니다. 동시에 체온은 내려가서 매우 추워요. 따뜻한 내의와 롱 패딩 등 강한 추위에 대비하고 가야 합니다. 그래도 그 추위를 견디며 사진을 찍다 보면 어느새 앨범엔 인생 사진만 남으니 보람은 있는 곳입니다.

Tip **알고 가면 좋을 정보**

· · ·   대관령 삼양목장은 11월경 '화이트 시즌'을 진행합니다. 이때, 자가용을

이용하여 목장 관람이 가능하며 동물의 건강을 위해 방목을 중단합니다.

· · ·   일반 차량은 대개 전망대까지의 출입이 가능합니다. 단, 목장 특성상 비

포장도로가 많다는 점을 주의해 주세요.

(눈이 많이 오면 제설작업이 완료된 후 입장합니다.)

제주

1100고지 습지

위치
제주특별자치도 서귀포시 색달동 산
1-2

입장료
무료

주차
무료 주차 가능

추천 대상
연인 / 친구

겨울날 제주에서 가장 빠르게, 가장 많은 눈이 내리는 곳이 있는데요. 바로 1100고지 습지입니다. 눈이 많이 오면 그만큼 도로는 위험해서, 눈이 오는 즉시 도로가 통제되는 곳입니다. 하지만 제설 작업이 완료되면 사람들의 발길이 끊이지 않는 곳인데요. 차를 타고 정상에 도착하면 겨울왕국 그 자체를 만나볼 수 있습니다. 이곳에서 유명한 사진 명소는 '사슴 동상'입니다. 사슴이 보는 시선을 뒤에 서서 함께 응시하면 눈 쌓인 한라산의 장관을 볼 수 있습니다. 감탄밖에 안 나오는 그런 곳이에요. 1100고지 습지는 사람들이 사진 찍는 곳이 거의 정해져 있지만, 올라가고 내려가는 길 자체도 아름답습니다. 오가는 길, 나무에 눈이 많이 쌓인 길이 있으면 차를 잠시 한편에 세워 놓고 사진을 찍어 보는 것도 좋을 것 같습니다.

Tip **자랑하고 싶은 사진**

··· 눈이 많이 오면 하얀색뿐인 곳이에요. 사진을 찍으려면 흰색과 대비되는 색감의 옷이 좋습니다. 흰색 계열의 옷은 가급적 피해 주세요.

··· 평소보다 밝기를 올려서 찍는 것을 추천합니다. 아이폰 기준 카메라 앱 실행 후 화면을 터치하고 드래그를 이용하여 밝기를 올려 보세요. 평소보다 조금만 더 올려서 찍으면 눈의 화사함이 더 잘 담기게 됩니다.

(하지만 너무 많이 올리게 되면 밝은 부분의 디테일이 다 날아가고 인물의 얼굴은 하얗게 뜨게 되니 적당히 화면을 보며 조절하면 됩니다.)

제주

동백포레스트

위치
제주특별자치도 서귀포시 남원읍
생기악로 53-38

입장료
동백 시즌
성인 5,000원
제주도민, 청소년, 경로 3,000원

인스타그램
@camelia.forest

운영 시간
10:00~18:00

주차
무료 주차 가능

추천 대상
연인 / 친구

　　동백 시즌이 오면 사람들이 많이 찾는 명소가 있습니다. 동백꽃은 앞서 소개해 드렸던 다른 꽃들처럼 전국 어디서나 볼 수 있는 꽃이 아닙니다. 제주도와 일부 남부지역에서만 볼 수 있는데요. 이 꽃의 매력을 아는 사람은 매년 제주도를 방문합니다. 동백포레스트는 아름다운 동백을 실컷 볼 수 있는 곳이에요. 예쁜 사진이 나오려면 피사체를 향한 시선에 사랑이 담겨야 해요. 예쁜 꽃과 사랑하는 사람을 함께 담았을 때, 그 사진에 담긴 짙은 감정은 장소도 인물도 더 빛나게 하는 힘이 있습니다. 사랑하는 사람과 동백포레스트에 가서 아름다운 시선을 주고받길 바라요.

… 제가 가장 추천하는 구도는 건물 2층 테라스에서 내려다보는 사진을 찍
는 거예요. 사람들이 '시도해 볼까?' 하는 생각도 못 하는 구도더라고요.
이렇게 찍으면 사진 자체가 색다르게 보이고 이색적인 구도라, 사진에
나온 친구에게 칭찬받을 수 있을 거예요. 예쁜 구도라서 꼭 한번 찍어 보
는 걸 추천합니다.

청송

얼음골

위치
경상북도 청송군 주왕산면 팔각산로
228

입장료
무료

주차
무료 주차 가능

추천 대상
친구 / 연인

2017년 유네스코에서 경상북도 청송군 일대를 지질공원으로 선정했습니다. 제주도에 이어 국내 두 번째 지질공원으로 등재되었습니다. 이는, 지질학적 다양성이 뛰어나서 지구과학적으로 중요한 의미가 있습니다. 이러한 청송의 얼음골은 제가 겨울 여행지 중 가장 추천하는 곳이에요. 인공적으로 만들어진 빙벽이지만 그 생김새와 규모는 실로 엄청납니다. 차를 타고 가는 길에 멀리서부터 보이는 압도적인 높이로 입이 다물어지지 않는 곳이에요. 매년 아이스 클라이밍 경기가 열리는 곳이기도 해서 시설 관리가 잘 되는 곳이에요. 살면서 이런 빙벽을 볼 수 있으리라곤 상상도 못 했어요. 아마 많은 분이 그럴 거고 아직 이런 곳이 있는지 모르는 분도 있을 거로 생각합니다. 겨울이 되면 청송의 얼음골을 방문해 보길 바라요.

Tip   **자랑하고 싶은 사진**

...   이곳은 사방이 능선으로 둘러싸인 곳이라 햇빛이 들어오는 시간이 하루에 몇 시간 안 됩니다. 기온이 다른 지역보다 낮고 체감온도는 그보다 더 낮은 곳이에요. 해가 중천에 떠 있는 시간대에도 엄청나게 추운 곳이라 한겨울에 간다면 따뜻한 발열 내의까지 챙겨 입고 추위를 대비해 중무장을 하길 권장합니다. 장갑과 목도리, 귀마개는 반드시 챙겨 가세요.

서울

별마당도서관

위치

서울특별시 강남구 영동대로 513

스타필드 코엑스몰 B1

운영 시간

10:30~22:00

주차

유료 주차 가능

(스타필드 코엑스몰 주차장)

추천 대상

친구 / 연인

국내에 있는 도서관 중 특히 인기가 있는 곳이죠. 별마당도서관은 관광지에 가까운 공간이에요. 다른 도서관에 비해 시끌벅적해서 일반적인 도서관과는 사뭇 다른 느낌입니다. 가운데 광장을 기준으로 양쪽이 대칭 구조로 구성되어 있어요. 이런 독특함 덕분에 공부를 하거나 책을 빌리는 목적 이외에도 사람들이 자주 찾는 것 같아요. 또한, 별마당도서관 내에서 작고 큰 행사를 진행하기도 하고, 전시 공간으로 변할 때도 있어요. 매년 크리스마스 시즌에는 거대한 트리가 설치되어 색다른 사진 명소가 되기도 합니다.

Tip **함께 가기 좋은 곳**

···   **서울책보고**

위치: 서울특별시 송파구 오금로 1

이곳은 서울시가 헌책방들을 모아 오래된 책에 새로운 숨결을 불어넣은 공간입니다. 오랜 시간이 지나고 때가 묻어도 바뀌지 않는 가치를 이야기하는 곳이에요. 또한, 동굴 모양의 책장 사이에 길이 있는 독특한 내관이 눈길을 사로잡습니다. 도서관 사서님께 삼각대를 설치해서 사진을 찍어도 되는지 물었을 때 다른 분께 피해만 끼치지 않는다면 괜찮다고 하셨어요. 도서관을 좋아한다면 책도 읽고 사진도 찍을 수 있어서 방문해 보기 좋은 곳이에요.

여기
어디예요?

—

나만 알고 싶은
산, 바다, 공원, 카페
문화재 여행지

초판 1쇄 인쇄   2023년 01월 06일

초판 1쇄 발행   2023년 01월 20일

지은이 이예찬

펴낸이 이준경   펴낸곳 (주)영진미디어

편집장 이찬희 책임편집 김경은   편집 김아영

책임디자인 정미정   디자인 이윤

마케팅 이수련

출판 등록 2011년 1월 6일 제406-2011-000003호

주소 경기도 파주시 문발로 242 파주출판도시 (주)영진미디어

전화 031-955-4955   팩스 031-955-4959

홈페이지 www.yjbooks.com   이메일 book@yjmedia.net

ISBN 979-11-91059-36-6 13980

값 18,500원